水体石油类污染遥感探测机理与信息提取方法

黄妙芬 等 著

U0305854

科学出版社

北京

内 容 简 介

  本书主要是针对未形成明显油膜，以分散、乳化及溶解等形式存在于水体的石油类污染物质的遥感探测机理与信息提取方法展开介绍。在国内外首次系统地介绍以这些形式存在的石油类物质，从多个角度分析并讨论其对水体表观光谱、吸收系数、后向散射系数的影响及自身的特性，提出多种水体石油类污染识别方法和含量提取模型。全书共分为9章，以水体石油类物质作为一个新的水色因子，参照国际上水色遥感技术对水色三要素的成熟研究体系，在分析石油类污染水体辐射传输特性的基础上，着重介绍水体石油类污染遥感探测机理、表观光学特性、固有光学特性、荧光图谱、石油含量遥感提取模型。

  本书主要供海洋、生态、环境保护、石油等部门的管理者和决策者以及相关技术人员参考，也可以供高等院校相关研究领域的研究生和高年级本科生参考。

图书在版编目（CIP）数据

水体石油类污染遥感探测机理与信息提取方法 / 黄妙芬等著. —北京：科学出版社，2016.5
  ISBN 978-7-03-046882-6

Ⅰ. ①水… Ⅱ. ①黄… Ⅲ. ①水体－石油污染－环境－遥感－研究 Ⅳ. ①X5
中国版本图书馆 CIP 数据核字（2015）第 308505 号

责任编辑：张　震　孟莹莹 / 责任校对：郑金红
责任印制：张　倩 / 封面设计：无极书装

科学出版社 出版
北京东黄城根北街 16 号
邮政编码：100717
http://www.sciencep.com

文林印务有限公司印刷
科学出版社发行　各地新华书店经销
*

2016 年 5 月第 一 版　开本：720×1000　1/16
2016 年 5 月第一次印刷　印张：11
字数：210 000

定价：66.00 元
（如有印装质量问题，我社负责调换）

作者简介

黄妙芬，广东海洋大学教授、博士、博士生导师

宋庆君，国家卫星海洋应用中心副研究员、硕士

邢旭峰，广东海洋大学讲师、硕士

刘　扬，中国石油勘探开发研究院高级工程师、博士

前　　言

在我国无论是海洋还是陆地水体，常规的水质监测项目都包含石油类污染含量的测定，而且国家海洋局和环境保护部每年都会发布几大河流、湖泊和近岸水体的环境公报。但这些数据的获取存在费时费力、以有限点代面、数据发布滞后等问题，常规方法难以实现实时掌握污染状况并及时采取相应的处理措施。遥感技术具有大面积、快速、动态、低成本获取区域信息的优势，是解决上述问题的有效手段之一。

水色遥感技术经过近半个世纪的发展，在该领域中对水色三要素（叶绿素、黄色物质、悬浮物）的研究体系已经相当成熟。本书充分利用这一成熟的研究体系，将"未形成明显油膜的水中油"作为一个新的水色因子引入该体系，围绕遥感探测机理研究中的"表观光学量、固有光学量（吸收系数和散射系数）、荧光特性"等方面进行研究，立足于实验，获取翔实的数据，展开分析与讨论。

目前国内外有关石油类遥感监测的专著研究内容主要集中在溢油方面，而本书针对以分散、乳化和溶解形式存在的石油污染，立足于未形成明显油膜情况的遥感监测，首次在国内外系统地介绍以这些形式存在的石油类物质，对海洋环境监测具有一定的指导意义。出版此书旨在展示水体石油类污染的表观光学特征和固有光学特性，拓展水色遥感的研究范畴，为水体石油类污染遥感监测提供依据。

全书内容共9章。第1章为绪论，在分析水体石油类污染现状和特点的基础上，主要阐述遥感技术在水体石油类污染监测中的作用，分析国内外遥感技术在探测水体石油类污染的研究现状，并对遥感探测水体石油类污染存在的一些问题进行探讨。第2章为海洋水色遥感基本原理，主要介绍水色遥感的基本概念、水色遥感对传感器的要求、常用的水色传感器以及可用于近岸海域水色遥感研究的陆地传感器；探讨宽波段非水色传感器应用于Ⅱ类水体时需要解决的一些关键性问题；阐述遥感信息提取模型的建立方法等。第3章为遥感探测水体石油类机理分析，首先，从测量的角度对石油类物质的组成及其在水体中的存在形式进行分析；其次，介绍水体石油类含量常用测量仪器的使用方法，并从这些方法的基本原理入手，剖析各自特点和适用范围；然后，对国内外利用遥感探测溢油的机理展开分析；最后，探讨利用水体表观光学特性和固有光学特性（吸收系数和散射系数）提取水体石油类含量信息的可行性。第4章为数据采集与处理，主要对实验场地进行描述，详细介绍数据测量所使用的仪器和采用的方法、实验，以便更好地理解水体石油类物质的遥感特性，在此基础上，对本书将使用的陆地卫星数据做简单介绍。第 5 章为石油类污染水体表观光学特性，首先分析油膜的波谱特征，其次从现场测定的离水辐射和遥感反射率入手，结合 MERIS 和 Landsat 8/OLI 传感器数据，分析石油污染水体中水体光谱曲线的变化特征和归一化波谱特征，最后对石油类污染水体红外波段的特征进行分析。第 6 章为水体石油类污染吸收特性分析及参数化，通过对石油类污染水体吸收特性进行分析，从而建立石油类物质的吸收特性参数化模型，同时建立含油水体吸收系数的分离算法。第 7 章为水体石油类污染后向散射特性分析及参数化，在介绍后向散射系数基本概念的基础上，分析石油类污染水体后向散射特性，对石油类单位后向散射系数进行参数化，并从 Mie 散射理论入手分析石油物质与悬浮颗粒物的分离算法。第 8 章为水体石油类污染浓度遥感反演模式，主要从三个角度介绍水体石油类含量遥感反演模式，分别为基于归一化遥感反射比提取油含量模式、生物-光学遥感反演模型、利用 CDOM 提取石油含量模型，涵盖水体石油类物质的表观光学特性、吸收特性和散射特性等方面。第 9 章为水体石油类污染荧光遥感特征，通过对 CDOM 和石油类物质主要荧光成分进行分析，依托实验数据，对自然水体、石油类物质与 CDOM 混合水体、仅含油污染水体三种状态下的荧光图谱进行分析研究。

本书的出版与众多专家学者的大力支持是分不开的。在这里，首先感谢我的博士生导师朱启疆教授和张仁华研究员，是他们把我引入定量遥感的大门，培养我从事实验遥感的科研思路；接下来，感谢唐军武研究员和毛志华研究员，是他们把我带入水色遥感的领域，并给予我学术指导；还要感谢于五一老师，是她启发我把遥感技术应用于水体石油类污染监测的研究，并为我提供科研平台；同时，感谢我的大学同学张香平研究员和范树印研究员，在我的科研路上给予的指导与帮助；感谢简伟军女士在实验过程中的辛勤付出；最后，感谢所有给予我帮助的老师、同事、同行、朋友和学生们。

本书由国家自然科学基金面上项目"石油类污染水体固有光学特性研究与反演"（批准号：41271364）和国家科技支撑计划项目"粤港澳水量与水环境遥感监测应用系统"（批准号：2012BAH32B01-4）经费资助出版。同时本书的部分研究内容得到国家自然科学基金面上项目"水体石油类污染遥感机理和识别模型研究"（批准号：40771196）资助。

由于作者水平有限，本书难免存在不足之处，敬请读者和有关专家批评指正，以便今后修订完善。

2016 年 5 月

目　　录

第1章 绪 论

1.1 遥感技术在水体石油类污染探测
与信息提取中的作用

面对日趋严重的环境污染问题，世界各国都加大了治理的投资力度，并制定了相应的法律法规政策。在众多的环境污染问题中，水体污染的影响最为严重，而其中油田开采、油田事故、油轮泄漏、航道油污水排放等人类活动对水体（河流、湖泊、海洋）造成的油污染等引发的环境问题日益凸显。1989 年 3 月 "瓦尔迪兹"号油轮原油泄漏、2007 年 11 月俄罗斯油轮原油泄漏、2010 年 4 月墨西哥湾溢油、2010 年 7 月大连湾石油管线爆炸溢油、2011 年 6 月渤海油田溢油、2011 年 10 月新西兰货轮漏油、2013 年 7 月泰国湾海域石油泄漏、2013 年 8 月菲律宾沉船燃油泄漏、2013 年 11 月中石化青岛开发区输油管线破裂造成原油泄漏并流经地下雨水涵道入海、2014 年 6 月大连中石油输油主管道爆裂起火、2015 年 5 月美国加利福尼亚州输油管破裂致使漏油进入太平洋等重大污染事件，给海洋生态环境造成巨大的灾难。对这些灾难的评估和消除迫切需要时间和空间上连续的观测数据来支撑。水体石油类污染已经成为国家环保部门、石油部门及其他各生产部门共同关注的焦点。面对突发性和缓发性的水体石油类污染事件，加大监测力度，及时掌握水体石油类污染的空间分布和时间变化信息势在必行，遥感技术可以作为重要的手段之一。遥感技术具有大面积、动态、低成本获取区域信息的优势，利用遥感技术可有效而准确地监测水体石油类物质的变化过程、移动路径、空间分布规律，这是传统点观测方法无法比拟的。

在我国无论是海洋还是陆地水体，常规的水质监测项目都包含石油类污染物含量的测定，而且国家海洋局和环境保护部每年都会发布几大河流、湖泊和近海海域的环境公报。但这些举措存在以下三点问题：①石油类污染浓度测定大多采用野外采样，然后实验室分析的方法，野外采样较为困难，且样品分析费用昂贵；②野外采样基本以点方式进行，即使是海洋监测站采用拉剖面的方式，也存在空间设点不足的问题，另外在时间上一般一年只进行几次定期观测；③每年的环境公报给出的情况一般是通过一年几次的点或线观测后将所有数据进行汇总，然后次年第一季度进行信息发布，这种方式具有明显的滞后性。这三个问题使得利用传统的方法难以实现对水体有机污染进行空间和时间变化的连续监测，特别是难以实时掌握污染状况而及时采取相应的处理措施。遥感技术具有低成本、高时效性的特点，是解决上述问题的有效手段之一。

卫星遥感技术的出现已有半个世纪，经历了从定性到半定量，进而走向定量化的发展历程，在大气、海洋、陆地等相关领域得到广泛应用。随着遥感技术成功应用于地表时空多变参数（地表反照率、植被叶绿素、叶面积指数、地表温度、土壤蒸发、植被蒸腾等）和Ⅰ类水体水色因子（叶绿素）的定量反演，人们对遥感定量化的需求进一步提高。一方面要求提高地表时空多变参数的反演精度；另一方面要求利用遥感技术探测出更多的目标，比如作物营养组分（N、P、蛋白质）、Ⅱ类水体组分（黄色物质、叶绿素、悬浮泥沙）、土壤和水体中污染物浓度、植物和水体对重金属的响应等，这些需求使遥感技术迎来了新的发展机遇并面临新的挑战，拓展遥感技术探测目标和应用领域是该学科的发展趋势之一。

水色遥感技术是遥感技术的一个重要分支。对Ⅰ类水体，应用遥感技术监测水体叶绿素含量和动态变化已经进入业务化运行阶段。在Ⅱ类水体叶绿素、黄色物质、悬浮物等水色因子监测中，遥感机理和遥感模型的研究也较为全面，取得不少研究成果，并服务于社会。水体中含有的石油类物质属于污染物质，其存在同样会影响到水色。目前利用遥感技术探测水体石油类污染主要集中在 SAR 探测溢油方面，其遥感机理与模型研究取得了长足的进展，在加拿大、美国、德国等国家已经初步形成海上溢油业务化运行的监测系统。对于水体中石油类污染已经存在，但未形成明显的可探测油膜的情况，国内外都未见相关的研究报道，对该领域的研究尚属空白，而在此情况下进行遥感探测机理与信息提取方法研究具有重要的科学意义和应用价值。第一，可拓展定量遥感的研究与应用范畴；第二，可及时地定量获取河流、湖泊、海洋石油类污染空间分布特征和时间变化规律，为河流、湖泊、海洋石油类污染状况提供动态监测技术，使水体石油类污染遥感监测更为全面；第三，可为未来能对水体石油类物质进行探测的传感器的发展提供指导；第四，可对油气微渗漏进行探测，为海上找油提供信息依据；第五，可为油田活动区域环境效应评价提供技术服务。

1.2 国内外遥感技术探测与提取水体 石油类污染信息的研究现状

现行的国内外水体石油类污染遥感监测主要集中于海面油膜探测，对未形成明显油膜的石油类污染情况未加考虑。国内外许多学者都从机理和方法上证明了利用遥感技术探测海面油膜的可行性（刘良明，2005；Otremba，2000），涵盖可见光-近红外、热红外、微波辐射计、雷达等航空及卫星传感器，以及激光扫描成像等其他遥感技术，这为未形成明显油膜的水体石油类污染情况的遥感探测机理研究与信息提取模型建立奠定了良好的基础（Zielinski，2003；Lu et al.，2013；Otremba and Piskozub，2003a；Hu et al.，2003；Otremba and Król，2002；Bolus，1996；Marghany et al.，2009）。

在可见光-近红外波段，水面油膜的反射率与洁净海面的反射率相比有较大差别，可见光-近红外多光谱遥感监测水面油膜正是利用这一特性，实现从遥感图像中提取溢油信息。在热红外波段，遥感探测水面油膜的机理是利用水与油膜的发射率之间的差别来提取油膜信息（Fingas，1998）；在微波遥感中，雷达探测原理是利用油膜的存在使得海洋表面雷达后向散射系数降低造成回波的减少而出现暗区（Simecek，2004）；微波辐射计探测水面油膜的原理是基于油膜的微波辐射率比海水高的特点。

从卫星遥感技术来看，水体石油类污染物质在没有形成明显油膜之前，热红外辐射计、微波辐射计和雷达难以将其检测出来，需要用到可见光-近红外传感器。因此充分利用现有的光学传感器来探测水体石油类污染浓度具有较大的优势。要确定已有传感器的探测波段最好的方法是进行精确的现场光谱测定，然后利用各种传感器的波段响应函数，模拟各传感器的波段，确定石油类物质的探测波段并进行验证。水体的测定要求特别高，这方面的工作已经有了大量研究，形成了精确现场测定水体光谱的方法（唐军武等，2004a；唐军武等，2004b；Mueller et al.，2003）。

对于水体石油类污染物质未形成明显的成片可探测油膜的情况，可以将其视为水色因子的一种，因而可以借用水色因子的遥感探测机理和信息提取的研究思路，在水色遥感领域，对于水色因子信息提取模型的建立，主要采用以下两大类方法：经验方法/半经验方法和半分析方法。经验方法/半经验方法又包括两种方式：①利用光谱实测值和水色因子含量测量值，通过回归分析方法，建立利用遥感反射率估算水色因子含量的经验模型；②直接利用卫星遥感影像的灰度值和实测水色因子含量，通过统计分析方法建立二者之间的经验关系模型。半分析方法中最典型的是生物-光学模型法，也包括两种方式：①利用实测光谱，通过生物-光学模型来推算水色因子含量；②利用去除大气影响后的卫星遥感影像，通过生物-光学模型来推算水色因子含量（马荣华等，2006）。

经验方法是通过建立遥感数据与地面监测的水色因子含量值之间的统计关系来推算水色因子含量值，由于水色因子含量的多少与遥感数据之间的相关性不能保证，所以该方法结果缺乏一定的理论依据。半经验方法是将已知的水色因子光谱特征与统计模型相结合，选择最佳的波段或波段组合作为相关变量估算水色因子含量。这种方法具有一定的物理意义，是目前最常用的方法。半经验方法采用的统计模型主要有神经网络、偏最小二乘法、主成分分析、多元回归分析、模糊分类、判别分析等。其缺点在于要求有足够多的样本，尤其是对非线性回归模型的建立，要求有更多的样本，采用这种方法成本高、工作量大。另外，模型中的参数往往取决于研究区域的背景，在推广应用时需要修正相应参数，否则容易造成较大误差，因此所建立的模型在推广应用上会受到一定的限制。

生物-光学模型属于半分析模型，其基本原理是以辐射传输模型为基础，将各种水色因子的固有光学特性（吸收系数和后向散射系数）与表观光学特性（遥感反射率）联系起来，根据多光谱遥感数据源同时反演出各种水色因子。其优点是：①同时考虑水色因子的固有光学特性和表观光学特性，反演精度相对较高；②可同时反演各水色因子，直接利用卫星遥感影像反演水质参数，符合水质监测的实际要求，是水质参数反演的理想模型；③已经业务化运行于Ⅰ类水体中叶绿素浓度的反演。其缺点是：①可同时反演的水色因子受到传感器波段数的限制；②需要测定水色因子的固有光学特性。

将水色因子固有光学特性（吸收系数和后向散射系数）进行参数化是开发各类水色模型的前提条件，国内外学者对常规水色因子（叶绿素、悬浮泥沙、黄色物质等）的固有光学特性做了大量的研究，并建立了众多的参数化模型（Gallegos and Neale，2002；朱建华和李铜基，2004；宋庆君和唐军武，2006；李俊生等，2008；杨伟等，2009；施坤等，2010）。要用生物-光学模型反演水体石油类污染浓度，必须先确定石油类物质的固有光学特性。目前这方面研究在国内尚属空白，国外也正在研究的初始阶段。

研究表明，石油类物质对水体吸收系数的影响主要通过黄色物质（可溶性有机物，chromophoric dissolved organic matter，CDOM）来体现，且与CDOM和非色素颗粒物具有相似的吸收光谱曲线，皆遵循以 e 为底的指数函数衰减方程（黄妙芬等，2010a），可采用 Bricaud 等（1981）提出的 CDOM 吸收系数参数化模型来表示，即

$$a_i(\lambda) = a_i(\lambda_0)\exp\left[-S_i(\lambda - \lambda_0)\right] \qquad (1\text{-}1)$$

式中，$a_i(\lambda)$ 为波长 λ 对应的吸收系数 (m^{-1})，i 取不同的值分别代表石油类物质、CDOM 和非色素颗粒物；$a_i(\lambda_0)$ 为各水色因子在参考波长 λ_0 处的吸收系数 (m^{-1})，在水色遥感中一般取 $\lambda_0 = 440\mathrm{nm}$；$S_i$ 为各水色因子对应的吸收光谱斜率。

$a_i(\lambda_0)$ 和 S_i 是决定式(1-1)准确性的两个关键参数。大量的研究表明，CDOM的光谱斜率 S 与浓度无关，但与组成及参考波段的选择有关，因而具有很强的区域性（Kowalczuk et al.，2005；Twardowski et al.，2004；汪小勇等，2004；周虹丽，2005；段洪涛等，2009）。国内外不同学者分别建立了利用遥感反射比估算河口区域 CDOM 的 $a_i(\lambda_0)$ 遥感模型（Hirtle and Rencz，2003；Bowers et al.，2004；黄妙芬等，2011；Xing et al.，2012）。关于水体石油类污染的这两个参数，目前局限在利用有限的实验样本测定值进行应用方面。

Lee 等提出半分析算法（quasi-analytical algorithm，QAA），该算法综合了国际公认并得到验证的多种模型（包括分析方法、半分析方法和经验方法模型），以遥感可提取的水体遥感反射比作为输入参数，通过一系列运算，实现水体总吸收系数 $a(\lambda)$、总颗粒物的后向散射系数 $b_{bp}(\lambda)$、浮游植物吸收系数 $a_{ph}(\lambda)$ 和有色碎屑物的吸收系数 $a_{d/g}(\lambda)$ 的提取（Lee et al.，2002）。QAA 算法所输出的有色碎屑物的吸收系数 $a_{d/g}(\lambda)$，是由 CDOM 的吸收系数 $a_g(\lambda)$ 和非色素颗粒物的吸收系数 $a_d(\lambda)$ 构成。国内外有一些学者致力于从 $a_{d/g}(\lambda)$ 分离 $a_g(\lambda)$ 和 $a_d(\lambda)$ 的算法研究（Lee et al.，1994；Zhu et al.，2011）。对于石油类污染水体，利用 QAA 算法得到的 $a_{d/g}$ 可认为是由 CDOM 的吸收系数 $a_g(\lambda)$、非色素颗粒物的吸收系数 $a_d(\lambda)$ 和石油类物质的吸收系数 $a_{oil}(\lambda)$ 三者构成，记为 $a_{d/g/oil}$。要从遥感角度获取水中石油类物质的含量，面临着从 $a_{d/g/oil}$ 中将 $a_{oil}(\lambda)$ 提取出来的问题，目前尚无相关研究。

水体石油类污染提供的离水辐射信息较微弱，为了提高反演精度可考虑结合其他信息源。从前人的研究成果中发现，石油类物质中的非饱和烃及其衍生物具有荧光特性（Zepp et al.，2004；韩宇超和郭卫东，2008；刘明亮等，2009；Patricia et al.，2011；吴静等，2012），如果在遥感模型反演的结果中，再考虑石油类物质的荧光特性，可进一步提高反演精度。利用物质的荧光特性结合遥感技术来探测物质的浓度和是否存在的研究越来越引起人们的重视（慈兴华等，2004）。在石油的应用方面，主要是利用荧光特性录井，以及利用荧光探测油膜。在油膜监测方面主要是利用激光作为诱导（主动式），利用自然光作为诱导的很少（被动式）。为了充分利用光学传感器，研究石油类污染自然光条件下的荧光特性也很有意义。

1.3　遥感探测与提取水体石油类污染信息亟待解决的科学问题

综上分析可见，现有遥感技术监测水体石油类污染主要集中在油膜探测上，对未形成明显油膜的水体石油类污染未加考虑。虽然利用遥感技术监测水体石油类污染已具备了一定的理论基础和实验技术条件，但是要充分利用传感器实现更全面的对水体石油类污染的监测，还存在下列问题：

（1）由于水色遥感获取的基本物理量是离水辐射，而离水辐射的大小取决于水色因子的吸收和后向散射等固有光学特性，所以研究水色因子的遥感探测机理，首先要确定水色因子的这些固有光学特性。目前对 II 类水体中常规的水色因子（叶绿素、悬浮物、黄色物质等）的吸收和散射特性已经进行了大量研究，但是对水体石油类物质这类水色因子的吸收和后向散射特性的研究还较少。

（2）遥感探测水面油膜是基于其表面特性，而遥感探测未形成明显油膜的水体石油类污染是基于其对离水辐射的贡献。遥感传感器接收到的总辐射中90%是大气辐射，10%是离水辐射，而要从这10%的离水辐射中确定有多少来自水体石油类物质，属于弱信息提取。那么水体石油类污染浓度达到多大，传感器才能将其探测出来呢?对这个界限值的研究是本书充分利用遥感技术来实现对水体石油类物质监测的关键，目前相关研究仅停留在可探测油膜的波段比方面。

（3）针对Ⅱ类水体中常规水色因子（叶绿素、悬浮物、黄色物质等）的遥感反演，目前已经建立了不少针对不同传感器的经验/半经验模型以及具有物理机制的半分析模型，但针对水体石油类污染浓度的遥感定量反演模型尚未展开。

（4）目前已经积累了许多遥感数据源，但这些卫星传感器对应波段是否可用于水体石油类物质探测的相关研究尚未开展。

（5）关于水体石油类物质的荧光特性，利用激光作为诱发源来实现对水面油膜探测的研究已经开展，但是以自然光作为诱发源的研究还不多见，还未将其应用到光学遥感上。

（6）要充分利用水色遥感的优势，全面实现对水体石油类污染进行较高精度的动态监测，从其固有光学特性和含量反演模型建立等方面来看，尚有一些科学问题需要解决。第一，在已建立的水体石油类污染吸收系数参数化模型中，参考波长 λ_0 处的吸收系数 $a_{oil}(\lambda_0)$ 是关键参数之一，该参数在模型的应用中主要采用现场实测值，未进行遥感参数化，因此局限了模型的推广应用。利用水体可见光-近红外传感器接收的基本信息量（离水辐亮度或遥感反射比）来反演该值，可实现该参数的遥感化，目前相关研究在国内外尚未开展。

（7）石油类物质对水体吸收系数的影响主要通过黄色物质来体现，两者具有相似的吸收光谱曲线，要提高水体石油类含量的遥感反演精度，必须找到将两者区分开来的方法。

（8）石油类物质对水体散射系数的影响主要通过无机悬浮物来体现，因而在已确定的水体石油类污染后向散射特性参数化模型中，需要进一步区分石油类物质和颗粒物对后向散射的影响。如果在实验中同时测量粒径分布、相对折射指数以及石油类和悬浮物的体积浓度，再根据 Mie 散射理论做进一步的理论计算和模拟，将有助于提高石油类污染水体后向散射系数参数化模型的精度。

第2章 海洋水色遥感基本原理

2.1 海洋遥感光谱分类和探测的基本物理量

2.1.1 海洋遥感光谱分类

遥感（remote sensing）是 20 世纪 60 年代发展起来的一门综合性的对地观测技术。遥感定义为利用可见光、红外、微波等电磁辐射探测仪器，不与探测目标相接触，从远处把海洋、陆地和大气的信息（或者现象）的电磁波特性记录下来，通过计算、分析，揭示其特征性质及变化的综合性探测技术。

根据遥感的定义，遥感技术所使用的光谱波长包括紫外、可见光-近红外、短波红外、中红外、热红外、微波等。其中，紫外遥感探测波段范围为 0.05～0.38μm，可见光遥感探测波段范围为 0.38～0.76μm，近红外遥感探测波段范围为 0.76～1.3μm，短波红外遥感探测波段范围为 1.3～3μm，中红外遥感探测波段范围为 3～6μm，热红外遥感探测波段范围为 8～14μm，微波遥感探测波段范围为 1mm～10m。按遥感的研究领域，可分为空间遥感、大气层遥感、陆地遥感和海洋遥感（梅安新等，2001）。

海洋遥感是利用电磁波与大气和海洋相互作用的原理，根据从卫星平台观测到的水体或者水面的电磁波信息探测海洋要素的物理特性。按其主要用途和所使用的探测器可分为海洋水色遥感、海洋动力环境遥感和海洋地形遥感三大类，其中海洋水色遥感的历史最为悠久，已得到广泛的应用。海洋水色遥感主要利用海洋水色扫描仪（chinese ocean colour and temperature scanner，COCTS）、电荷耦合器件（charge coupled device，CCD，也称为 CCD 图像传感器或者 CCD 相机）、中等分辨率成像光谱仪（moderate-resolution imaging spectroradiometer，MODIS；medium resolution imaging spectroradiometer，MERIS）、宽视场水色扫描仪（sea-viewing wide field-of-view sensor，SeaWiFS）等探测器来探测水色三要素（叶绿素、悬浮泥沙、可溶性有机物）、海水污染物、海表温度、海冰和海流等（Martin，2008）。

2.1.2 海洋遥感探测的基本物理量

在海洋遥感探测中，可见光波段传感器探测到的基本物理量是离水辐射率，该辐射率是海水中各水色因子对入水的太阳辐射吸收和散射后离开水面到达传感器的反射辐射，根据所探测到的离水辐射率可进一步反演出水色因子的浓度、海冰、海流和海水污染物等参数的时空分布。由于依赖太阳，所以可见光波段海洋传感器只能在白天和无云的条件下工作。另外，唯一可以穿透海洋 10m 以上深度的波段属于可见光波段，故可见光观测还可获得一定深度与浮游生物相关的海洋水色变化。

热红外波段主要探测的是海水表面发射的热辐射，因而可测量海面几毫米的黑体辐射。热红外波段探测的基本物理量是海表温度。由于接收的是海面自身的发射辐射，与太阳无关，故其可全天时工作，但仍需要在无云时观测。

微波探测分为主动和被动两种方式。被动微波探测器能够观测的基本物理量是反射的太阳辐射或者黑体辐射，然后进一步反演大气和海面特性参数，如海冰覆盖面积、大气水汽和液态水含量以及海表温度和风速。主动微波探测器的观测是由雷达向海洋发射电磁脉冲，然后由雷达天线接收海面返回的后向散射，根据后向散射可进一步提取海面粗糙度和地形信息、风速、风向、波高、海浪方向谱和海冰的分布与类型。微波具有穿云透雾的能力，因而可全天时、全天候进行工作。

2.2 水色遥感基本概念

2.2.1 海洋水体分类

在海洋遥感研究中，Morel 等（1974）按照光学性质将海洋水体划分为Ⅰ类水体（Case Ⅰ Waters）和Ⅱ类水体（Case Ⅱ Waters）。Ⅰ类水体的光学特性只由浮游植物及其降解物质色素决定，可以用浮游植物来表征，典型区域是清洁的开阔大洋；Ⅱ类水体的光学特性由浮游植物、悬浮颗粒物、黄色物质共同决定，主要位于近海、河口等受陆源物质排放影响较为严重的地区。

2.2.2 海水的光学特性

海水是一种相对透明的介质。在可见光波段有两种反射发生。第一种是水/气界面处太阳辐射的直射反射及天空光的表面反射；第二种是与离水辐亮度有关的漫反射，离水辐亮度是入射太阳辐射经由气/水界面进入水中，而后有部分辐射经后向散射再次经过水/气界面进入大气层（Lee et al.，2011；Lee et al.，2013a）。海水的成分比较复杂，含有可溶性有机物、悬浮物、浮游生物等，这些物质对光有较强的吸收和散射作用。由水体内部散射产生的离水辐亮度对可见光遥感至关重要，使得水色三要素浓度的遥感反演得以实现，也为水体石油类污染遥感监测和信息提取奠定了基础。由此可见，海水的光学特性可分为两类：表观光学量和固有光学量（Lee et al.，2013b；刘良明，2005；Martin，2008；李铜基等，2001；唐军武和田国良，1997）。

1. 表观光学量

海洋水体一般被看成一种水平平面分层介质，因而适用于两流辐射传递理论。两流辐射传递理论模型简单地将通过水平分层的辐射通量分为向上辐照度 $E_u(\lambda,z)$ 和向下辐照度 $E_d(\lambda,z)$。z 是水体深度（m），在水气界面处，水面之上 $z=0_+$，代表界面一侧大气的部分；水面之下 $z=0_-$，代表界面一侧水体的部分。$E_d(\lambda,0_+)$ 代表刚好在水面之上的太阳辐照度，$E_d(\lambda,0_-)$ 代表刚好在水面之下的太阳辐照度，$E_u(\lambda,0_+)$ 代表刚好在水面之上的后向散射作用引起的辐照度，$E_u(\lambda,0_-)$ 代表刚好在水面之下的后向散射作用引起的辐照度（Curtis，1994），如图 2-1 所示。

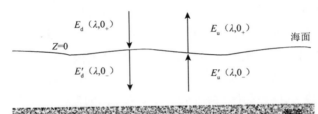

图 2-1　海洋两流辐射传递模型

表观光学量（apparent optical properties，AOPs）是随光照条件变化而变化的量，如向下辐照度 $E_d(\lambda,z)$、向上辐照度 $E_u(\lambda,z)$、辐照度比 $R(\lambda,z)$、离水辐亮度 $L_w(\lambda)$、归一化离水辐亮度 $L_{wn}(\lambda)$、遥感反射比 $R_{rs}(\lambda)$ 等。下面对这些物理量进行讨论。

（1）辐照度（Irradiance）E，又称为辐射通量密度，是指单位时间内通过单位面积的辐射能量 (W/m^2)。对于物体来说，可发射辐射，也可接收辐射。入射到物体的辐射通量密度称为辐照度 E；由物体发射或出射的辐射通量密度称为出射度 M。对于海洋来说，本书更多讨论的是海气交界面，由各个方向入射到一侧平面或从一侧平面出射的通量构成，称为平面辐照度。在处理可见光辐射时，平面辐照度又可以分为向上辐照度 $E_u(\lambda,z)$ 和向下辐照度 $E_d(\lambda,z)$。

（2）辐照度比 $R(\lambda,z)$，定义为向上辐照度 $E_u(\lambda,z)$ 与向下辐照度 $E_d(\lambda,z)$ 之比，即

$$R(\lambda,z) = \frac{E_u(\lambda,z)}{E_d(\lambda,z)} \tag{2-1}$$

辐照度比 $R(\lambda,0_-)$ 可以看做一个刚好在水面以下（just beneath water surface）的假想的反射体，代表水体中的所有散射与吸收作用，其位置恰好避免了界面透射的问题，可由光谱仪直接测量，与水体的组分有关。这里 $z=0_-$ 代表界面一侧水体的部分。在实际情况下代表海表之下的足够远距离，这样波浪才不会使光学测量仪器暴露在海表之上。

水体中的辐射过程在一阶近似时表现为吸收与散射之间的平衡。如果一个上行光子被吸收就不能再被散射，但是如果一个光子被悬浮物或水分子后向散射就会变成上行光子。描述这一过程的最简单的模型是假设 $R(\lambda,0_-)$ 与水体后向散射系数 $b_b(\lambda)$ 成正比而与吸收系数 $a(\lambda)$ 成反比。因为在后向散射较强而吸收较弱的情况下，上行辐照度可能比下行辐照度更强一些，所以在一阶近似下，有

$$R(\lambda,0_-)=\frac{G\,b_b(\lambda)}{a(\lambda)}\qquad(2\text{-}2)$$

式中，G 为一个常数，与入射光场分布和体散射函数有关。

（3）辐亮度 L，指单位投影面积单位立体角内的辐射通量，单位是 $\mathrm{W}/(\mathrm{m}^2\cdot\mathrm{sr})$。根据前面的讨论可知，辐照度 E 是指被辐射的物体表面单位面积上的辐射通量，单位是 $\mathrm{W/m^2}$，因而两者的关系为 $E=\pi L$。相应的，可用 $L_u(0_-)$ 表示刚好处于水表面以下的向上辐亮度；$L_u(z)$ 表示水下深度为 z 处的向上辐亮度。辐亮度是一个比较难理解但又很重要的物理量，从一个与辐射传播方向夹角为 θ 的微分面元 $\mathrm{d}A$ 出射或入射的能量通量可以写成

$$L=\frac{\mathrm{d}^2\varPhi}{\mathrm{d}\varOmega\,\mathrm{d}A\cos\theta}\qquad(2\text{-}3)$$

式中，$\varPhi$ 为辐射能量（W）；$\mathrm{d}\varOmega$ 是单位立体角（sr）。

入射到探测器上的辐亮度可表示为

$$L=\frac{\Delta\varPhi}{\Delta\varOmega\,\Delta A\cos\theta}\qquad(2\text{-}4)$$

（4）离水辐亮度（water-leaving radiance）L_w，指太阳光线到达水/气界面后透射入水的太阳能部分，经水分子和水体的吸收和组分散射作用后，其中因后向散射作用离开水面向上到达传感器的那部分辐射能，如图 2-2 所示。

图中，$\varPhi_1$ 为由于后向散射作用，从水下入射到水/气界面微小面元 ΔA_s 上的辐射能；$\varPhi_2$ 为 $\varPhi_1$ 离开水面的辐射能；n_1 和 n_2 为海水和大气的折射率；$\varPhi_1$ 传播方向与微小面元 ΔA_s 的法线的夹角用 θ_1 表示；$\varPhi_2$ 传播方向与微小面元 ΔA_s 的法线的夹角用 θ_2 表示；界面的透过率用 $T(\theta_1)$ 表示。则有如下的关系式：

$$\varPhi_2=T(\theta_1)\,\varPhi_1\qquad(2\text{-}5)$$

将式（2-4）代入式（2-5），可得到

$$L_2 \, \Delta\Omega_2 \, \cos\theta_2 = T(\theta_1) \, L_1 \, \Delta\Omega_1 \, \cos\theta_1 \tag{2-6}$$

式中，L_1 为刚好在界面以下的上行辐亮度，代表水中的辐亮度；L_2 为离水辐亮度，代表大气中的辐亮度。根据定义有

$$\Delta\Omega_i = \sin\theta_i \Delta\theta_i \Delta\phi_i \tag{2-7}$$

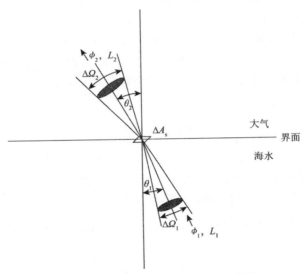

图 2-2　水/气界面辐射能改变的示意图

式中，ϕ_i 为方位角，由于位于界面所处的平面内，其关系式与斯涅尔定律（Snell's Law）无关，有

$$\Delta\phi_1 = \Delta\phi_2 \tag{2-8}$$

θ_i 之间的关系由斯涅尔定律给出，则有

$$\sin\theta_1 = \left(\frac{n_2}{n_1}\right)\sin\theta_2 \tag{2-9}$$

将式（2-9）两边先平方再求积分，并将结果中的有关项以式（2-7）中的 $\Delta\Omega_i$ 代替，则有

$$\Delta\Omega_1 \cos\theta_1 = \left(\frac{n_2}{n_1}\right)^2 \Delta\Omega_2 \cos\theta_2 \tag{2-10}$$

式（2-10）给出了界面两侧的立体角、入射角和折射指数之间的关系，将式（2-10）代入式（2-6）得到

$$L_2 = \left(\frac{n_2}{n_1}\right)^2 T(\theta_1) L_1 \tag{2-11}$$

在海洋水色遥感中，一般将 L_2 用 L_w 来表示，L_1 用 $L_u(0_-)$ 来表示，定义

$n = n_1/n_2$，海水的透过率 $T(\theta_1) = 1 - \rho_{wa}$，$\rho_{wa}$ 为水气界面反射率，则式（2-11）可表示为

$$L_w = \frac{(1 - \rho_{wa})}{n^2} L_u\left(0^-\right) \tag{2-12}$$

式中，n 为水体折射系数，一般取 1.34；水气界面的反射率 ρ_{wa} 与海面粗糙度、入射角度有关。这就是水色遥感的离水辐亮度的表达式。

（5）归一化离水辐亮度 L_{wn}。归一化离水辐亮度为当太阳位于天顶处且忽略大气的影响时，离水辐亮度的近似表达。由于消除了大气、太阳天顶角和日-地距离等外部条件的影响，使不同时间和不同地点测量得到的离水辐亮度具有可比性。其计算式表示为

$$L_{wn} = L_w \cdot \frac{F_0}{E_d} \tag{2-13}$$

式中，F_0 表示日-地距离和轨道偏心率而修正的平均大气层外垂直入射的太阳辐照度（down-welling irrandiance）；E_d 为太阳在水表面的下行辐照度或海面向下辐照度 $E_d\left(0_+\right)$。这是目前最简单的、广泛使用的定义。

（6）遥感反射比 $R_{rs}\left(sr^{-1}\right)$，定义为 L_w 与 E_d 的比值，或者 L_{wn} 与 F_0 的比值，其表达式为

$$R_{rs} = \frac{L_w}{E_d} = \frac{L_{wn}}{F_0} \tag{2-14}$$

在水色遥感中，遥感反射比 R_{rs} 是将表观光学量与固有光学量连接起来的一个桥梁。

2. 固有光学量

光在海水的传输过程中，受到水分子和水体组分的吸收和散射。水体的光谱吸收（absorption）系数 $a(\lambda)$、散射（scattering）系数 $b(\lambda)$、光束衰减（beam attenuation）系数 $c(\lambda)$、体散射相函数 $\beta(\theta)$ 等物理量随着水体组分以及媒介的电磁特性的变化而变化，但不随光照条件变化而变化，故称为固有光学量（inherent optical properties，IOPs）（刘良明，2005；Maffione and Dana，1997）。下面对这些物理量进行讨论。

（1）吸收系数 $a(\lambda)\left(m^{-1}\right)$。设有一介质薄层，其厚度为 dr，入射光束的辐射通量为 Φ，在没有散射的情况下，经过该薄层介质后，该光束的通量损失为 $d\Phi_a$，则吸收系数 $a(\lambda)$ 定义为

$$a(\lambda) = \frac{-d\Phi_a}{\Phi dr} \tag{2-15}$$

（2）散射系数 $b(\lambda)\left(\mathrm{m}^{-1}\right)$。类似地，在仅有散射的情况下，经过该薄层介质后，该光束的通量损失为 $\mathrm{d}\varPhi_{\mathrm{b}}$，则散射系数 $b(\lambda)$ 可以定义为

$$b(\lambda) = \frac{-\mathrm{d}\varPhi_{\mathrm{b}}}{\varPhi \mathrm{d}r} \tag{2-16}$$

（3）光束衰减系数 $c(\lambda)\left(\mathrm{m}^{-1}\right)$。太阳光线到达海面后，进入海水的部分由于水分子和水体组分的吸收和散射作用将衰减。当光束通过该介质薄层时，既有吸收又有散射，该光束的通量损失为 $\mathrm{d}\varPhi_{\mathrm{c}}$，则光束衰减系数 $c(\lambda)$ 可以定义为

$$c(\lambda) = \frac{-\mathrm{d}\varPhi_{\mathrm{c}}}{\varPhi \mathrm{d}r} \tag{2-17}$$

光束衰减系数，又称为"漫衰减系数"，$c(\lambda)$ 与 $a(\lambda)$ 和 $b(\lambda)$ 的关系表示为 $c(\lambda) = a(\lambda) + b(\lambda)$。

（4）体散射相函数（volume scattering phase function）或其归一化后的散射相函数（scattering phase function）$\beta(\lambda,\theta)$，指单位体积上单位入射辐照度在特定方向上的辐射强度，为固有光学特性的一个重要参数，该参数决定了光场强度的角度分布。

当一束光入射到海水的一小体积上发生散射后，其能量将分布于很宽的角度范围内，这个角度称为散射角 θ，换句话说，散射光的强度随着散射角 θ 而发生变化，这种变化用海水的体散射函数 $\beta(\lambda,\theta)$ 来表示，定义为在 θ 方向单位散射体积、单位立体角内散射辐射强度 $\mathrm{d}I(\theta)$ 与入射角在散射体积上辐照度 E 之比 $\left(m^{-1}/\mathrm{sr}\right)$，即

$$\beta(\lambda,\theta) = \frac{\mathrm{d}I(\theta)}{E(\lambda)\mathrm{d}v} \tag{2-18}$$

式中，$E(\lambda)$ 为辐照度；$\mathrm{d}v$ 为体积散射元。

海水体积散射函数 $\beta(\lambda,\theta)$ 对空间 4π 立体角的积分，即各散射方向散射的总和，就是海水体散射系数 $b(\lambda)$，即

$$b(\lambda) = 2\pi \int_0^\pi \beta(\lambda,\theta)\sin(\theta)\mathrm{d}\theta \tag{2-19}$$

（5）后向散射系数 $b_{\mathrm{b}}(\lambda)$。散射只是使光子的前进方向发生改变，并没有消失。在海水中，散射主要由瑞利散射和米氏散射引起。Ⅰ 类水体主要是瑞利散射，Ⅱ 类水体主要是大粒子引起的米氏散射。散射是向四面八方的，只有向后的散射部分会进入传感器。当 $\beta(\theta)$ 对空间散射立体角 θ 在 $[\pi/2,\pi]$ 范围内进行积分得到水体的后向散射系数（back scattering coefficient）$b_{\mathrm{b}}\left(\mathrm{m}^{-1}\right)$。根据 Mie 散射理论，可得

$$b_b(\lambda) = 2\pi \int_{\frac{\pi}{2}}^{\pi} \beta(\lambda, \theta) \sin\theta \, \mathrm{d}\theta \qquad (2\text{-}20)$$

这一积分形式可以变成

$$b_b(\lambda) = 2\pi \chi(\theta) \beta(\theta) \qquad (2\text{-}21)$$

式中，$b_b(\lambda)$ 为后向散射系数 (m^{-1})；$\chi(\theta)$ 是与测量几何有关的后向散射系数与体散射函数关系的常数。这一常数在某些特定角度对大部分的体散射函数曲线而言近似恒定。

2.3　海洋水色遥感机理分析

2.3.1　卫星传感器接收的辐射组成

根据海洋遥感信息采集原理，当不考虑大气粒子多次散射效应时，传感器接收的水体总辐亮度可由下式表示：

$$L_t(\lambda) = L_r(\lambda) + L_a(\lambda) + t_d(\lambda, \theta_v) L_{sr}(\lambda) + t_0(\lambda, \theta_0) L_w(\lambda) + L_b(\lambda)$$
$$+ t_d(\lambda, \theta_v) L_f(\lambda) \qquad (2\text{-}22)$$

式中，λ 为波长（μm）；$L_t(\lambda)$ 为卫星探测的波长为 λ 的辐亮度；$L_r(\lambda)$ 为空气分子瑞利散射的辐亮度；$L_a(\lambda)$ 为大气气溶胶米氏散射的辐亮度；$L_{sr}(\lambda)$ 为海表面镜面反射，可能包括太阳耀斑的影响，但可以忽略；$L_w(\lambda)$ 为离水辐亮度；$L_f(\lambda)$ 为海面泡沫或"白帽"辐射（可忽略）；$L_b(\lambda)$ 为来自水体底部的反射辐射，因为选择的区域一般是较深水域，因此可以忽略；$t_0(\lambda, \theta_0)$ 为太阳方向的大气漫射透射率（无量纲）；θ_0 是太阳天顶角；$t_d(\lambda, \theta_v)$ 是传感器方向的大气漫射透射率（无量纲）；θ_v 是传感器天顶角（刘良明，2005；黄妙芬等，2010b）。

式（2-22）去掉波长的符号及可忽略的项后，可简化为

$$L_t = L_r + L_a + t_0 L_w \qquad (2\text{-}23)$$

2.3.2　海洋水色要素遥感反演机理

海洋水色遥感是利用机载或星载传感器探测与海洋水色有关的参数（海色要素，如叶绿素、悬浮物、可溶性有机物、污染物等）的光谱辐射，经过大气校正后再根据生物-光学特性，反演出海水中叶绿素浓度和悬浮物含量等海洋环境要素的一种方法。

水色遥感的机理可描述如下：当水色因子浓度发生变化时，必然引起水体光学性质的改变，即水体的吸收系数和散射系数的变化，从而导致卫星传感器接收到的水体离水辐射度发生变化。通过卫星传感器接收信号的变化，可以反演得

到水体中的各个水色因子（浮游植物、悬浮泥沙、黄色物质以及其他的无机悬浮物等）的含量。所以水色遥感过程为：根据卫星接收的总辐射信号值，除去大气干扰信号的影响，得到离水辐射值，然后根据各成分浓度与水体光学性质的关系，通过一系列反演算法得到水体中各成分的浓度（刘良明，2005；Tang et al.，2004；Blondeau-Patissier et al.，2009；Stramski and Piskozub，2003；马超飞等，2005）。

由于大洋水体的光学特性主要由水分子和浮游生物决定，因此在海洋光学中，把水体光学模型称为生物-光学模型（bio-optical model），此概念目前也用于 II 类水体。水体生物-光学特性的研究包括水体成分的固有光学特性、表观光学特性的定量描述、表观特性与固有特性之间的关系以及反演算法等。近年来，主要有以归一化离水辐亮度 L_{wn} 为基本量的统计模型、基于辐照度比 R 和遥感反射比 R_{rs} 等基本量的半分析模型。半分析模型能合理地解释水色反演的途径，其核心思想基于遥感反射比 R_{rs} 与固有光学参数吸收系数 $a(\lambda)$ 和后向散射系数 $b_b(\lambda)$ 之间的相互关系，通过解析方法，人们发现海水的固有光学量（吸收系数和后向散射系数）与遥感反射比 R_{rs} 的关系如下（Mobley，1994）：

$$R_{rs}(\lambda)\frac{L_w}{E_d(\lambda,0_+)}=\frac{f \cdot t^2}{Q(\lambda)n^2}\cdot\frac{b_b(\lambda)}{a(\lambda)+b_b(\lambda)} \qquad (2\text{-}24)$$

式中，f 为一经验参数，平均值为 $0.32\sim0.33$（无量纲）；t 为本水气界面的透过率（无量纲）；$Q(\lambda)$ 为向上辐照度 $E_u(\lambda)$ 与向上辐亮度 $L_u(\lambda)$ 的比值；n 为水体折射系数的实数部分（无量纲）。已有的研究表明：①对于 $f/Q(\lambda)$，在 $\lambda=440$，$\lambda=500$，$\lambda=565$ 和 $\lambda=665\mathrm{nm}$ 时，可分别取值为 $0.0936,0.0944,0.0929$ 和 0.0881；②对于 t^2/n^2，可近似取 0.54。因而式（2-24）中 $\left[f\cdot t^2/(Q(\lambda)n^2)\right]$ 项可视为一常数。总吸收系数 $a(\lambda)$ 与后向散射系数 $b_b(\lambda)$ 代表海水的固有光学性质（IOPs），包含水体中生物化学特性信息。

水体的吸收系数是纯水、悬浮颗粒物、有色可溶性有机物质 CDOM 三者吸收系数之和，后向散射系数为纯水与悬浮颗粒物的后向散射系数之和。水体的总吸收系数和总散射系数可以表示为对水体光学特性有显著作用的各成分的线性和。故吸收系数 $a(\lambda)$ 和后向散射系数 $b_b(\lambda)$ 的表达式分别为

$$a(\lambda)=a_w(\lambda)+a_p(\lambda)+a_g(\lambda) \qquad (2\text{-}25)$$
$$b_b(\lambda)=b_{bw}(\lambda)+b_{bp}(\lambda) \qquad (2\text{-}26)$$

式中，$a_w(\lambda)$、$a_p(\lambda)$、$a_g(\lambda)$ 分别为纯水、总悬浮颗粒、有色可溶性有机物质 CDOM 的吸收系数 (m^{-1})；$b_{bw}(\lambda)$ 和 $b_{bp}(\lambda)$ 分别为纯水和悬浮颗粒的后向散射系数 (m^{-1})。

总悬浮颗粒的吸收系数 $a_p(\lambda)$ 和后向散射系数 $b_{bp}(\lambda)$ 可进一步分解为

$$a_p(\lambda) = a_{ph}(\lambda) + a_d(\lambda) \tag{2-27}$$

$$b_{bp}(\lambda) = b_{bph}(\lambda) + b_{bd}(\lambda) \tag{2-28}$$

式中，$a_{ph}(\lambda)$ 为叶绿素的吸收系数 (m^{-1})；$a_d(\lambda)$ 为非色素颗粒物的吸收系数 (m^{-1})；$b_{bd}(\lambda)$ 为非色素颗粒物的后向散射系数 (m^{-1})；$b_{bph}(\lambda)$ 为叶绿素的后向散射系数 (m^{-1})。

2.4 常用海洋水色传感器简介

2.4.1 水色传感器的要求

水色传感器获得可见光和近红外波段的离水辐射信息，通过计算得到海表光学特性和海水组分信息。其接收到的总辐射中超过 90%的能量是由非海水因素产生。因此水色传感器需要满足的要求较陆地传感器高，主要体现在以下几个方面：①信噪比（SNR）极高，在一般传感器作为暗像元的水体目标上，国际上目前要求其 SNR>500dB；②波段较窄，可见光部分为 10nm，近红外为 20nm，光谱范围一般在 400~900nm；③要求卫星平台具有倾斜功能，以避免太阳直射光在海面的反射进入视场（唐军武和马国良，1997）。

2.4.2 国外主要的水色传感器

自 20 世纪 70 年代以来,海洋水色遥感在军事与民用方面日益显示出其潜力。1978 年 10 月美国宇航局发射了 Nimbus-7 卫星,搭载了海岸带水色扫描仪（coastal zone color scanner，CZCS），属于第一代海洋水色传感器，是第一个专门为从事海洋色素浓度评估而设计的卫星传感器，揭示了全球海区色素的时空分布和变化，为后来的水色传感器的研发起到很好地借鉴作用。CZCS 为太阳同步近圆形轨道，星下点空间分辨率为 0.825km，共设置 6 个波段，5 个可见光近红外波段（0.443~0.750μm）和 1 个热红外波段（10.5~12.5μm）。

宽视场海洋水色探测器 SeaWiFS 由美国休斯飞机公司设计和制造，搭载在美国于 1997 年 8 月发射的海洋卫星 SeaSTAR 上，属于第二代海洋水色传感器。该传感器专门针对海洋水色进行探测，包括海水中的溶解有机物（dissolved organic matter，DOM）、叶绿素、490nm 处的水体衰减系数 k_{490}、悬浮泥沙、气溶胶等参数。SeaWiFS 为太阳同步近圆形轨道，星下点空间分辨率为 1.1km，共设置 8 个波段，均为可见光近红外波段（0.443~0.865μm），这 8 个中，除了第 7 和第 8 波段的波段宽度为 40nm 外，其余 6 个波段的波段宽度均为 20nm，较高的光谱分辨率为海洋水色的要素识别创造了条件。

中分辨率成像光谱仪 MODIS，是搭载在 Terra 和 Aqua 卫星上的一个重要的传感器，属于第三代海洋水色传感器。该传感器包含海洋、陆地、大气的探测器，主要探测叶绿素荧光及色素浓度、悬浮泥沙浓度、衰减系数、有机物浓度、海表温度、海水比辐射率等海洋要素，以及陆地和大气的其他参数。MODIS 为太阳同步近圆形轨道，是卫星上唯一将实时观测数据通过 x 波段向全世界直接广播，并可以免费接收数据并无偿使用的星载仪器，全球许多国家和地区都在接收和使用 MODIS 数据。MODIS 共设置为 36 个光谱波段，星下点空间分辨率为 250～1000m，其中波段 1、2 为 250m，波段 3～7 为 500m，波段 8～36 为 1000m。

除了上述具有代表性的海洋水色传感器之外，得到较为广泛应用的海洋水色传感器还有以下几种。

海洋水色监测仪（ocean colour monitor，OCM），由印度海洋部门管理，其中 OCM-1 搭载在印度卫星 IRS-P4 上，OCM-2 搭载在印度卫星 Oceansat-2 和 Oceansat-3 上，OCM-1 和 OCM-2 空间分辨率分别为 360m 和 350m，OCM-1 设有 8 个波段，波段范围 402～885nm。OCM-2 设置了 12 个波段，其中用于水色遥感的为 8 个波段，但 OCM-2 把 OCM-1 的 465nm 波段放到了 740nm 处，目的是减少氧气的吸收，把 670nm 处的波段替换为 620nm，以便更好地观测水体中的悬浮物质。

海洋多光谱扫描成像仪（ocean scanning multi-spectral imager，OSMI），搭载在韩国多功能卫星 KOMPSAT-1（Korea multi-purpose satellite，阿里郎卫星）。OSMI 用于检测全球水色，服务于海洋生物学的研究。OSMI 可以接受来自地面控制台的命令，可以在 400nm 到 900nm 之间自由选择波段。

中等分辨率成像频谱仪（medium resolution imaging spectrometer instrument，MERIS）搭载在欧空局 2002 年 3 月发射的对地观测卫星 ENVISAT 上，该卫星是欧洲迄今建造的最大的环境卫星，载有 10 种探测设备。MERIS 传感器的空间分辨率为 300m，设置 15 个水色通道，波段设置为 390～1040nm，带宽 3.75～20nm，数据量化级为 16bit，主要用于海洋颜色监测。

地球静止海洋水色成像仪（geostationary ocean colour imager，GOCI），搭载在韩国于 2010 年发射的首颗地球静止气象卫星（communication ocean meteorological satellite，COMS）上。GOCI 共设 8 个波段，这 8 个波段与第二代水色传感器如 MODIS 有许多相似之处，但各波段的信噪比有所提高，地面分辨率为 500m。GOCI 的特点是对固定海区进行日变化观测，因而时间分辨率为 1h，这种高时间分辨率的监测特性开创了海洋遥感监测的新界面，为今后海洋水色传感器的发展提供了新的发展方向。

海洋水色照相机（ocean colour instrument，OCI）是搭载在中国台湾省委托美国研制并发射的一颗低轨道（600km）水色卫星 ROCSAT-1 上的 6 通道水色传感器。

海洋和陆地颜色仪器（ocean and land color instrument，OLCI）是欧盟新一代海洋水色遥感仪，搭载在欧盟新一代地球观测卫星 Sentinel-3A 上。由 5 个倾斜的可见光和热红外相机组成，对海岸带和陆地的空间分辨率为 300m，对宽阔海域观测的分辨率则为 1200km。OLCI 是在 MERIS 的基础上发展起来的，针对海洋水色遥感共有 16 个波段，与 MERIS 相比，多了一个以 1.02μm 为中心波长的波段以增强大气和气溶胶校正，其余波段设置都相同。

2.4.3 国内主要的水色传感器

水色水温扫描仪（Chinese ocean colour and temperature scanner，COCTS）是搭载在我国海洋一号（HY-1A 和 HY-1B）卫星上的 10 波段传感器，主要用于探测海洋水色要素（叶绿素浓度、悬浮泥沙浓度和可溶性有机物浓度）及温度场等，其辐射分辨率为 12bit，空间分辨率为 1100m，10 个波段设置有 8 个为可见光-近红外，范围是 0.402～0.885μm，两个在热红外波段，范围是 10.3～12.5μm；在 HY-1A 和 HY-1B 上还有 4 波段 CCD 成像仪，主要用于获得海陆交互作用区域的实时图像资料，进行海岸带动态监测。

2.5 陆地卫星及传感器简介

2.5.1 陆地卫星用于水色遥感研究的利弊分析

从 2.4 节可以看到，海洋卫星传感器的空间分辨率一般在 300m 与 1000m 之间，相对较低。在河口及近海海域，由于受陆源物质的影响，水质参数的空间变化较大，因而空间分辨率较低的海洋水色传感器就不能满足对河口及近海海域水质参数高空间分辨率动态监测的要求。而中等空间分辨率陆地遥感数据（空间分辨率在 10～30m）在进行水质参数速报方面就展现出了较好的优势，因此其在近岸水体环境参数监测方面将发挥巨大作用。

陆地传感器用于水色遥感研究时，具有空间分辨率高的优势，但也存在以下问题：①传感器内部探测器的差异；②高空间分辨率传感器的信噪比低；③传感器之间波段宽度和辐射特性的差异；④不同过境时间大气气溶胶、海面粗糙度、水体变化均不一致等。

这些问题可通过对高空间分辨率传感器使用于区域水体的定量化相对定标技术和大气校正工作来解决。只有对高空间分辨率的多源传感器进行定量化去除条带、相对辐射定标和大气校正工作后，才能确保获取高精度的水体表观光学量，并使得各传感器之间获取的数据具有可比性，为后续遥感定量化精确反演环境参数模型奠定基础。

2.5.2　国外主要的陆地卫星传感器

国外主要的陆地卫星传感器包括 SPOT（HRV/HRVIR/HRG/NAOMI）、Landsat（TM/ETM+/OLI）、IRS-P6/LISS-III/AWIF、EO-1/ALI、EOS/ASTER、Quickbird、Worldview 等。

法国地球观测卫星（Systeme Probatoire d'Observation de la Terre，SPOT）是以法国空间中心为主设计制造的，由法国国家地理院负责图像处理。这是一种用于地球资源观测的卫星，自 1986 年起至 2014 年，28 年共发射 7 颗卫星，命名为 SPOT1～SPOT7。每颗 SPOT 卫星上都装有两个性能相同的光学成像传感器，SPOT1、SPOT 2、SPOT 3 卫星装的是 HRV（high resolution visible）。SOPT4 卫星装的是 HRVIR（high resolution visible infraRed）。SPOT5 卫星装的是 HRG（high resolution geometry）传感器，替代 SPOT4 的 HRVIR 传感器，HRG 有以下新的特征：更高的地面分辨率，以 5m 或 2.5m 的分辨率替代全色波段 10m 分辨率的数据，波段范围从 0.61～0.68μm 调整到 0.49～0.69μm；以 10m 分辨率替代多光谱波段 20m 分辨率的数据；对短波红外波段，仍维持 20m 的地面分辨率。SPOT 6 和 SPOT7 是孪生卫星，他们搭载的传感器为阿斯特里姆建造的新型 Astrosat 平台光学模块化设备（new astrosat optical model instrumentt，NAOMI），称为 NAOMI 空间相机，为 CCD 图像传感器，具有以下的新技术特征：①时间延迟积分（TDI）和级数选择；②高集成度；③高灵敏度。

Landsat 系列卫星由美国国家航天局（NASA）发射，自 1972 年起至 2013 年，41 年共发射 8 颗卫星，命名为 Landsat 1、Landsat 2、Landsat 3、Landsat 4、Landsat 5、Landsat 6、Landsat 7，Landsat 8，其中 Landsat 6 卫星上天后发生故障陨落。陆地卫星运行在 900 多千米（Landsat 1、Landsat 2、Landsat 3）或 700 多千米（Landsat 4、Landsat 5、Landsat 7、Landsat 8）的高空，回归周期为 18 天（Landsat 1、Landsat 2、Landsat 3）或 16 天（Landsat 4、Landsat 5、Landsat 7、Landsat 8）。在 Landsat 1、Landsat 2、Landsat 3 上装载的传感器有反束光导管摄像机（RBV）、多光谱扫描仪（multi-spectral scanne，MSS）。在 Landsat 4、Landsat 5 上，除装载多光谱扫描仪（MSS）外，还装载专题制图仪（thematic mapper，TM）；在 Landsat 7 上，只搭载了增强型专题制图仪（ETM+）。在 Landsat 8 上携带有陆地成像仪（operational land imager，OLI）。前三颗陆地卫星上装载的 RBV，这种传感器容易出故障，回收的图像很少；Landsat 7 卫星自 2003 年起因故障而导致数据质量下降，所以现在使用最多的陆地卫星遥感图像为 Landsat 5 卫星 TM 遥感图像和 Landsat 8 卫星 OLI 遥感图像。以下主要介绍多光谱扫描仪、专题制图仪、增强型专题制图仪和陆地成像仪。多光谱扫描仪（MSS）是一种光学机械扫描仪，是把来自地面上地物的电磁波辐射（反射或发射）分成几个不同的光谱波段，同时扫描成像的一种传感器，在 Landsat 1～Landsat 5 上均装有这种传感器。MSS 主要有 4 个波段范围，其中 0.5～0.6μm 属于蓝绿光波段，可用于对水体金属和化学污染、地层岩性等的观测；0.6～0.7μm 属橙红色波段，可用于对浅层地下水储量、土壤湿度、植物生长情况等的观测；0.8～1.1μm 属红外波段，同上一波段，可用于水体、植被等的观测，对比性更强。分辨率均为 78m。专题制图仪（TM）是在 MSS 基础上改进发展而成，是第二代光学机械扫描仪，与多光谱扫描仪相比具有更好的波谱选择性、更好的几何保真度、更高的辐射准确度和分辨率。专题制图仪可以同时感测 7 个不同波段，增强型专题制图仪（enhanced thematic mapper，ETM+），安装在 Landsat7 卫星上，是在 TM 传感器的基础上增加了一个波长 0.5～0.9μm 的全色波段，称为 pan 波段，其瞬时视场为 13m×15m。其他 7 个波段的波长范围、瞬时视场均与 TM 相同，其中热红外波段（b6）的探测器阵列从过去的 4 个增加到 8 个，对应地面分辨率从 120m 提高到 60m。2013 年 2 月 11 号，NASA 成功发射了 Landsat 8 卫星，搭载的 OLI 陆地成像仪包括 9 个波段，空间分辨率为 30m，其中包括一个 15m 的全色波段，成像宽幅为 185km×185km。OLI 包括了 ETM+传感器所有的波段，为了避免大气吸收特征，OLI 对波段进行了重新调整，比较大的调整是 OLI Band5（0.845～0.885μm），排除了 0.825μm 处水汽吸收特征；OLI 全色波段 Band8 波段范围较窄，这种方式可以在全色图像上更好地区分植被和无植被特征。

DigitalGlobe 现有的卫星群由 QuickBird、WorldView-1、WorldView-2、WorldView-3 组成，QuickBird 卫星于 2001 年 10 月 18 日由美国 DigitalGlobe 公司发射，是当时世界上最先提供亚米级分辨率的商业卫星，卫星影像分辨率为 0.61m。2007 年 9 月 18 日和 2009 年 10 月 8 日美国 DigitalGlobe 公司又成功发射了 WorldView-1 和 WorldView-2 卫星，2014 年 8 月 13 日发射了 WorldView-3 卫星。WorldView-1 星载大容量全色成像系统每天能够拍摄 50 万 km^2 的分辨率为 0.5m 的图像。卫星具有现代化的地理定位精度能力和极佳的响应能力，能够快速瞄准要拍摄的目标和有效进行同轨立体成像。WorldView-2 卫星能为全球带来更快捷、更精确、更大容量、更多波段扫描能力的卓越商业卫星服务，是世界首颗能够提 8 个波段多光谱数据的高分辨率商业卫星，其多光谱波段地面分辨率为 1.8m，全色波段达到 0.41m，设计使用寿命 7.25 年，飞行高度 770km。WorldView-3 的发射将进一步扩充这一高分辨率卫星群的实力。由于现有卫星群拥有平均每天两次对地球任意地点的访问能力，因此其获得的 0.5m 分辨率影像可以覆盖全球 75% 以上的范围，其中包括大部分彩色影像。WorldView-3 除了提供 0.31m 分辨率的全色影像和 8 波段多光谱影像外，最近经过美国国家海洋和大气管理局（NOAA）的许可，还可以收集 8 波段短波红外影像，这会使 DigitalGlobe 成为唯一一家多波段短波红外影像的提供商。在高分辨率卫星群的支持下，影像的应用范围将得到大幅扩展，同时 DigitalGlobe 也会为其用户提供更超值的服务。

2.5.3　国内主要的陆地卫星传感器

国内主要的陆地卫星传感器包括 CBERS/CCD、HJ-1A 和 HJ-1B/ CCD、BJ-1/ CCD、"高分一号"、"高分二号"、"高分四号"、"天绘一号"、"资源三号"、"资源一号 02C"等。

中巴地球资源卫星 1 号与 2 号（CBERS-1、CBERS-2）是由中国和巴西共同投资、联合研制的第一代传输型地球资源遥感卫星。两星先后于 1999 年 10 月 14 日和 2003 年 10 月 21 日发射升空。卫星上搭载有三台成像传感器：高分辨率 CCD 相机、红外多光谱扫描仪（IR-MSS）、广角成像仪（WFI），其中 WFI 为巴西的产品。CBERS-1 和 CBERS-2 是同步设计、研制并生产的，因此，卫星的功能、组成、平台、有效载荷和性能指标的参数是相同的。

环境与灾害监测预报小卫星星座 A、B（HJ-1A/1B）于 2008 年 9 月成功发射，HJ-1A 搭载了 CCD 相机和超光谱成像仪（HSI），HJ-1B 搭载了 CCD 相机和红外相机（IRS）。在 HJ-1A 卫星和 HJ-1B 卫星上装载的两台 CCD 相机设计原理完全相同，以星下点对称放置，平分视场、并行观测，联合完成对地幅宽为 700km、地面像元分辨率为 30m、4 个谱段的推扫成像。此外，在 HJ-1A 卫星上装载有一台超光谱成像仪，完成对地幅宽为 50km、地面像元分辨率为 100m、110～128 个光谱谱段的推扫成像，具有±30°侧视能力和星上定标功能。在 HJ-1B 卫星上还装载有一台红外相机，完成对地幅宽为 720km、地面像元分辨率为 150m/300m、近短中长 4 个光谱谱段的成像。

"北京一号"小卫星 BJ-1 是在科学技术部"十五"科技攻关重大专项"高性能对地观测小卫星技术与应用研究"支持下研究和建造的，于 2005 年 10 月 27 日成功发射。其有效载荷包括多光谱 CCD（空间分辨率 32 m）和全色 CCD（空间分辨率 4 m），其中多光谱传感器由两组线性 CCD 推扫式成像仪构成，每一组成像仪由近红外波段、红光波段和绿光波段相机组成，已为北京市资源调查、城市规划、生态环境和灾害监测、重大工程监测、土地利用监测和农业管理等提供及时、可靠和优质的动态信息。由三颗高分辨率卫星组成的"北京二号"民用商业遥感卫星星座（DMC 3）于 2015 年 7 月 1 日成功发射。"北京二号"星座是中英合作项目，英国萨里卫星技术公司承担卫星研制，由三颗 1m 全色、4m 多光谱的光学遥感卫星组成，可提供覆盖全球、空间和时间分辨率俱佳的遥感卫星数据和空间信息产品。

"资源一号 02C"卫星（ZY-1 02C）于 2011 年 12 月 22 日成功发射。ZY-1 02C 重约 2100kg，设计寿命 3 年，搭载有全色多光谱相机和全色高分辨率相机，主要任务是获取全色和多光谱图像数据，可广泛应用于国土资源调查与监测、防灾减灾、农林水利、生态环境、国家重大工程等领域。ZY-1 02C 具有两个显著特点：一是配置的 10m 分辨率 P/MS 多光谱相机是我国民用遥感卫星中分辨率最高的多光谱相机；二是配置的两台 2.36m 分辨率 HR 相机使数据的幅宽达到 54km，从而使数据覆盖能力大幅增加，使重访周期大大缩短。

"资源三号"卫星于 2012 年 1 月 9 日成功发射。重约 2650kg，设计寿命约 5 年。该卫星的主要任务是长期、连续、稳定、快速地获取覆盖全国的高分辨率立体影像和多光谱影像，为国土资源调查与监测、防灾减灾、农林水利、生态环境、城市规划与建设、交通、国家重大工程等领域的应用提供服务。"资源三号"卫星是我国首颗民用高分辨率光学传输型立体测图卫星，卫星集测绘和资源调查功能于一体。"资源三号"上搭载的前、后、正视相机可以获取同一地区三个不同观测角度立体像对，能够提供丰富的三维几何信息。

中国首颗传输型立体测绘卫星"天绘一号"01 星（mapping satellite-1）于 2010 年 8 月 24 日成功发射，"天绘一号"02 星于 2012 年 5 月 6 日成功发射。"天绘一号"卫星由中国航天科技集团公司所属航天东方红卫星有限公司研制，是中国第一颗传输型立体测绘卫星，搭载了自主创新的线面混合三线阵 CCD 相机、多光谱相机和 2m 分辨率全色相机。

高分辨率对地观测系统工程是中国《国家中长期科学和技术发展规划纲要（2006—2020）》确定的 16 个重大专项之一，由天基观测系统、临近空间观测系统、航空观测系统、地面系统、应用系统等组成。我国的高分专项的天基系统包括至少 7 颗高分系列卫星，分别编号为"高分一号"到"高分七号"，都将在 2020 年前发射并投入使用。7 颗卫星中，"高分一号"卫星、"高分二号"卫星和"高分四号"卫星分别于 2013 年 4 月 26 日、2014 年 8 月 19 日和 2015 年 12 月 9 日成功发射。"高分一号"为光学成像遥感卫星，主要载荷为 2m 全色/8m 多光谱/16m 宽幅多光谱的相机，"高分六号"的载荷性能也与其相似；"高分二号"仍为光学遥感卫星，但全色和多光谱分辨率都提高一倍，分别达到了 1m 全色/4m 多光谱；"高分四号"为地球同步轨道上的光学卫星，全色分辨率为 50m；后续将发射的"高分三号"卫星为 1m 分辨率的 C 波段合成孔径雷达卫星；"高分五号"不仅装有高光谱相机，而且拥有多部大气环境和成分探测设备，如可以间接测定 PM2.5 的气溶胶探测仪；"高分七号"则属于高分辨率空间立体测绘卫星。高分系列卫星覆盖从全色、多光谱到高光谱，从光学到雷达，从太阳同步轨道到地球同步轨道等多种类型，构成一个具有高空间分辨率、高时间分辨率和高光谱分辨率能力的对地观测系统，与高分专项的其他观测手段相结合，将建成具有全天时、全天候和全球范围观测能力的高分辨率对地观测系统。

2.6 宽波段非水色传感器应用于水体石油类 污染监测的关键技术

2.6.1 相对辐射定标

在近岸水体石油类污染研究中，如果选用国内外高空间分辨率传感器的话，由于其主要是搭载在陆地卫星上，相对海洋卫星而言其信噪比偏低，而且各传感器之间存在辐射特性差异，为了使多源传感器之间数据具有可比性，以及提高空间分辨率的辐射精度，必须进行相对辐射定标（潘德炉等，2004；蒋兴伟等，2005；唐军武等，2005；黄妙芬等，2009a；Gordon，1998；戎志国等，2005）。

卫星传感器定标一般需要两个步骤：传感器发射前定标和传感器在轨定标。传感器发射前定标有两种方法，一种是在实验室内，利用标准源对传感器的响应进行定标，另一种是野外定标，这是为克服室内定标光源与太阳光谱有较大差异而导致定标误差的方法。传感器在轨定标分为：基于太阳/月亮的星上全口径全光程的定标系统的定标；在轨外定标（替代定标）；交叉定标。基于太阳的星上定标系统，是利用直射太阳光照射已知反射率的漫反射板，传感器的整个光路对漫射板进行观测，从而实现定标。基于月亮的星上定标系统是利用月亮稳定的表面作为基准对仪器进行定标。在轨外定标（替代定标）是利用地面大面积、均匀的目标，在精确测量地表特性和大气特性的基础上，结合辐射传输计算，得到卫星入瞳处的辐亮度，从而得到定标系数；我国的辐射定标场（敦煌和青海湖）基本采用的是这种方法。交叉定标是指利用一个已知高精度的传感器数据校正另外一个传感器，目前交叉定标方法主要有两种：①基于传感器入瞳处总辐亮度的方法；②基于离水辐亮度的方法。

相对辐射定标可以解决多源传感器之间的辐射特性差异问题，目前采用的方法基本上是以具有高信噪比和高辐射精度的传感器（例如 EOS/MODIS 和 ENVISAT/MERIS）为参照进行交叉定标。显然，参考传感器与被标传感器之间存在波段宽度不一致的问题，另外，虽然这些卫星的过境时间基本上都定在地方时上午 10 点 30 分，但实际过境时间前后有差异，不同过境时间会导致大气气溶胶、海面粗糙度、水体变化不一致等问题。

2.6.2 半分析模式假设及参数随波段变化问题

当将半分析模式（解析方法）应用于水体石油类污染研究时，就目前的情况来看，该方法难点主要有：①半分析模式的参数确定中，大都需要用到四个或者更多波段的辐射数据，因而在算法开发中就需要有更多一致性较好且光谱逼真度较高的数据集，使其精准度达到甚至好于仅用两个波段的经验算法；②半分析模式中还使用了一些大胆的假设，以尽量减少算法中的未知量，这些假设通常是不太准确的，这些假设的结果经常是对一些参数赋予某一常量，但实际上这些参数是变化的；③还有一些难点如式（2-24）所示，在该函数式中，大部分参数是随波段不同而变化的（唐军武，1999；Maritorena et al.，2002）。

2.6.3 浑浊水体大气校正算法

宽波段卫星传感器与水色卫星传感器的波段设置相比，数据存在以下两点问题：①波段宽度设置较宽，一般在 80nm 左右，而水色卫星数据的波段宽度设置较窄，一般在 10nm 左右；②波段偏少，尤其是只存在一个近红外波段，如何在宽波段而且只存在一个近红外波段的情况下，解决针对浑浊水体的大气校正算法，是一个技术难点（Hu et al.，2001；Liang et al.，2006；Adler-Golden et al.，1999；Lavender et al.，2005；Gordon and Wang，1994）。

宽波段非水色传感器基本都是搭载在陆地卫星上，针对陆地卫星传感器的大气校正主要有以下四种方法：①暗物体法（dark-object methods）；②基于地面线性回归模型法；③基于大气辐射传输模型法；④其他还有利用简单的去瑞利散射校正或直方图匹配法（histogram matching method）等。20 世纪 80 年代，许多学者对卫星影像的大气校正做了大量工作，在模拟地-气过程的能力上有了很大的提高，发展了一系列辐射传输模型，包括大气校正模型（second simulation of satellite signal in the solar spectrum，6S）和计算大气透过率及辐射的软件包（moderate resolution transmission，MODTRAN），另外还有利用 MODTRAN 4 建立的大气校正软件包（fast line-of-sight atmospheric analysis of spectral hypercubes，FLAASH）得到广泛应用。由于水体的特殊性，加上有石油污染的水体基本都属于 II 类水体，因而在将陆地卫星传感器应用于区域水体时，这些方法有待进一步改进和修正（He and Chen，2004；Hu et al.，2000）。

国际上针对大洋 I 类水体采用的是标准的大气校正算法，是在海岸带水色扫描仪 CZCS 大气校正算法的基础上发展起来的较为成熟的业务化算法，该算法的核心思想是假设在近红外离水辐射为零，估计出近红外的气溶胶辐射通量，再通过适当方法外推到可见光波段，得出可见光波段的气溶胶辐射通量。虽然标准大气校正算法应用在大部分 I 类水体中精度较高，但是对于浑浊的 II 类水体，该算法是不成立的，主要原因是在 II 类水体，由于悬浮物质的高散射性和溶解有机质的强吸收性，导致近红外波段离水反射率对传感器接收到的信号有较大贡献，不能忽略，此时若继续采用在近红外离水辐射为零的假设，则会造成遥感信号里大气影响的过高估计，导致出现离水反射率为负的情况。为了使标准大气校正算法应用到浑浊的 II 类水体，目前采用了多种方法来解决近红外离水辐射问题。主要包括以下几种方法：①在 Gordon 标准算法基础上提出的光谱迭代算法，着重解决近红外波段的离水辐射量（Amone et al.，1998；Ruddick et al.，2000；Hu et al.，2000）；②假设小的空间尺度（50～100km）气溶胶类型不会发生太大的变化，采用一种"最近位置"方法，借用邻近较清洁水体像元的大气参数（气溶胶类型）来处理浑浊水体像元，从而得到近红外波段的气溶胶和离水反射率；③引入不同波段间反射率的固定经验关系（利用短波长的离水反射率估算大气校正波段的离水反射率），通过迭代运算确定近红外波段离水反射率和气溶胶特性；④在应用标准大气校正算法计算可见光波段离水辐射之前，采用耦合大气海洋模式得到近红外波段的气溶胶特性和离水反射率；⑤考虑叶绿素、悬浮颗粒物、黄色物质，建立离水反射率和水体组分反演一体化耦合模型，得到大气参数的同时确定三组分浓度（Moore et al.，1999；Siegel et al.，2000；Lavender et al.，2005）；⑥采用比 865nm 更长的波段以及光谱匹配方法来估计气溶胶模型和光学参数（Chomko and Gordon，2001；丁静等，2006）。

除了上述着重解决近红外离水辐射问题的方法外，还有一些解决近岸浅海区域同时存在浑浊水体问题和吸收性气溶胶问题的大气校正方法，类似的方法包括：①优化方法，可同时求解大气和水色要素参数，也可以单独求解海面离水辐射信号，这种方法的局限是算法的输入依赖于生物-光学算法（Schiller and Doerffer，1999）。②神经网络模型，本质上也属于优化方法，但与传统的优化方法相比其非线性逼近能力更强，模型的推广能力更好，且该模型用网络权值进行多项式计算时，运算速度大大提高。该算法对较大范围内的富营养化 I 类水体和浑浊 II 类水体都适用，而且在高浑浊水体近红外光谱信号不为零的情况下，该大气校正算法也有效（Neumann et al.，1995）。③主成分分析法，主要用于同时求解大气参数和水色要素参数。该方法以最优加权系数和多变量线性回归为基础，而典型 II 类水体各成分与光谱之间是高度非线性相关的，因而限制了其在复杂 II 类水体中的应用（Wang et al.，2012）。④利用短波红外波段（SWIR）提取近红外波段离水辐射（Bailey et al.，2010）。

第 3 章　遥感探测水体石油类机理分析

3.1　石油类物质的组成及其在水体中的存在形式

3.1.1　石油类物质的组成

石油是一种可燃的有机液态矿物，是以液态碳氢化合物为主的复杂混合物，同时还有一些非烃类组分，所以一般统称为石油类物质。石油中含碳量为80%～90%，含氢量为10%～14%，其他元素（氧、硫、氮）约占1%，故其构成主要为烃类，包括烷烃、环烷烃和芳香烃。

石油类物质中的非饱和烃及其衍生物中的某些组分受到紫外波段电磁波辐射激发后，会重新发出可见光波段的电磁辐射，即会产生荧光现象；石油类物质的分子振动特性会在中红外波段产生特有的吸收波长；另外，水中悬浮物对溶解在水中的油及乳化油都有物理吸附作用，这是悬浮物和油颗粒表面相同的双电子层结构相遇时形成共同的反离子层结构的原因所导致。以上这些特征都为水体石油类物质的探测奠定了基础。

3.1.2　石油类物质在水体中的存在形式

自然水体（海水、湖泊、水库、河流）中的组分本身不含石油类物质，石油类物质一般是通过生产污水、船舶污水排放或者发生溢油等方式进入自然水体。在溢油发生后，为了消除溢油污染，目前，国内外除了采用机械等方法回收溢油外，普遍使用溢油分散剂来消油。这种化学分散剂能将海上溢油分散成几十微米的液滴，从而避免形成大片油污，显然分散剂的使用并没有从根本上消除油污染，石油类物质在水中依然存在，主要以漂浮油（颗粒直径>100μm）、分散油（颗粒直径10～100μm）、乳化油（颗粒直径0.1～10μm）和溶解油（颗粒直径<0.1μm）等形式存在于水体中（宋庆君等，2012）。

3.2　水体石油类仪器检测原理与仪器

3.2.1　水体石油类仪器检测原理

水体石油类物质的测量方法主要分为接触式与非接触式两种，接触式主要是仪器测量，非接触式主要是遥感测量。现有仪器测量水体石油类物质含量所采用的方法主要有重量法、紫外分光光度法、荧光光度法、红外分光光度法、非分散红外法等（任磊，2004；温晓丹，2001）。各方法的测定原理及参照标准如表 3-1 所示。

表 3-1　水体石油类物质含量测定原理

方法名称	测定原理	参照标准
重量法	先用硫酸酸化，然后用石油醚萃取，再蒸发称重。重量法对于石油类污染数量级小于 10mg/L 的情况无效	《城市污水水质检验方法标准》（CJ/T 51—2004）
紫外分光光度法	利用芳香烃及含共轭双键化合物在 215～260nm 的吸收特征，经石油醚萃取后直接测定	《水和废水监测分析方法》（第四版）
荧光光度法	经石油醚萃取后，石油类物质中的芳香烃被紫外线激发可产生荧光，当水样中含油量很低时，荧光强度与石油类含量呈线性关系。一般激发波长设置在 240～280nm，发射波长设置在 300～380nm	《海洋监测规范》（GB 17378.5—1998）和《水污染物排放总量监测技术规范》（HU/T 92—2002）
红外分光光度法	采用三波长法，即利用烷烃中甲基、亚甲基及芳烃分别在 2960cm^{-1}（3.378μm）、2930cm^{-1}（3.413μm）、3030cm^{-1}（3.3μm）处存在的伸缩振动产生的特征吸收，经四氯化碳萃取后，用硅藻土吸附柱除去动植物油，然后测定	1986 年 ISO 组织推荐方法，国标法和《水和废水监测分析方法》（第四版）
非分散红外法	采用单波长法，利用石油中烷烃的甲基、亚甲基在中红外区 2930cm^{-1}（3.413μm）附近的特征吸收	1986 年 ISO 组织推荐方法，国标法和《水和废水监测分析方法》（第四版）
气相色谱法	色谱定量分析的依据是被测物质的量与其在色谱图上的峰面积（或峰高）成正比	2005 年 ISO 组织推荐的方法

分析表 3-1 可知：①非分散红外法和红外分光光度法，都是利用石油类物质在中红外波段 3～4μm 的吸收特征。非分散红外法利用石油中烷烃的甲基、亚甲基在近红外区 3.413μm 附近的吸收特征，红外分光光度法利用烷烃中甲基、亚甲基及芳烃分别在 3.378μm、3.413μm、3.3μm 处存在的伸缩振动（三波段法）产生吸收，同时在测量时采用了用硅藻土吸附柱除去动植物油的处理方法，显然非分散红外法不考虑芳香烃，因而在测量含有芳香烃的油时会降低石油污染测定值。②荧光法和紫外法主要依据芳香烃及含共轭双键的化合物在 215～280nm（紫外波段）的吸收特性进行测量，因而测量的油浓度主要为芳香烃，不包括烷烃和环烷烃，由于水中其他有机物，如动植物油、胺类、有机酸类、醚类、酮类、酯类等在这个波长范围内有吸收，测得的含量是水中能被石油醚萃取，并在 215～280nm 有吸收峰的有机物总量，并非水中石油类的真实含量（杨娜和赵朝方，2004；张永宁等，1999）。相对而言，红外分光光度法测量的结果能比较真实地反映水体石油类物质含量，但红外分光光度法用四氯化碳作为萃取剂，毒性较大；荧光法和紫外法用石油醚作为萃取剂，毒性小。基于以上几点原因，2005年 ISO 组织推荐采用色谱分析法，但该法成本高、操作复杂，目前尚未应用于

常规观测。

3.2.2　常用的检测仪器适用范围分析

目前国内外依据表 3-1 的原理设计了不同种类的测量仪器，包括实验室测定仪、便携式测定仪和在线监测仪，如表 3-2～表 3-4 所示。分析可知：①实验室分析仪器基本上采用紫外、荧光和红外方法；②便携式测油仪采用的方法比较多样，有紫外、荧光、光纤等方式；③目前在线监测方法基本上是采用荧光法，极少采用红外法。

表 3-2　水中油实验室分析仪汇总

仪器名称	型号	厂家	测量方法
油分浓度计	OCMA-300/305/355	日本（HORIBA）	非分散红外法
多功能红外测油仪	F2000-I 型	中国（吉林欧伊尔）	红外分光光度法
数字荧光分光光度计	RF-510 型	日本（岛津）	荧光光度法
紫外分光光度计	Uv-340 型	日本（岛津）	紫外分光光度法

表 3-3　水中油便携式测定仪汇总

仪器名称	型号	厂家	测量方法
高精度便携式紫外荧光测油仪	HS-02	俄罗斯圣彼得堡	紫外荧光
便携式测油仪	oilTech121A/121C/121D	美国安诺实验室	紫外荧光
便携式水中油分析仪	TD-500D	美国特纳公司	紫外荧光
便携式石油烃分析仪	100 型	美国石油传感技术公司	近红外区（光纤）

表 3-4　水中油在线监测仪汇总

仪器名称	型号	厂家	测量方法
在线监测仪	HS-200	欧洲	荧光法
在线监测系统	HS-ONLINE	欧洲	紫外荧光
在线水中油监测仪	HS-3410	加拿大亚捷工程公司	紫外荧光技术
在线水中油监测仪	CMS-4000	美国石油传感技术公司	紫外荧光（光纤）
在线水中油监测仪	T20	美国 EXT 公司	红外光源

综上所述，对于含有芳香烃的油类，可采用红外光度法、紫外光度法和荧光光度法进行测量，对于仅含有烷烃和环烷烃的油类，可采用红外光度法和非分散红外法。但如果所测量水体中包含动植物油和胺类、有机酸类、醚类、酮类、酯类等有机物，在方法的选择上就需要针对具体情况而定。对于远离近岸的海水，一般情况下，不含动植物油和对所测波段有影响的有机物，如果油类仅含芳香烃成分，可用荧光法，但在实验室测量中荧光法所使用的试剂需进行脱芳烃处理，要求比较严格。

3.3　溢油遥感探测方法

国内外许多学者都从机理和方法上证明了利用遥感技术探测海面油膜的可行性，涵盖了可见光-近红外、热红外、微波辐射计、雷达、激光等航空及卫星传感器，以及激光扫描成像等众多遥感技术（Shi et al.，2002；Chouquet et al.，1993；Svejkorsky and Muskat，2006；Lennon et al.，2006；Salem et al.，2005；Brown and Finqas，2003；Erans and Gordon，1994）。

3.3.1　可见光-近红外多光谱遥感监测海面油膜机理分析

对于可见光-近红外遥感而言，当探测陆地地物时，传感器接收的辐射主要是地物对太阳辐射的反射辐射和大气程辐射（包括大气分子的瑞利散射、气溶胶的米氏散射），在去除大气程辐射后，可计算出地物的反射率。当探测水体时，传感器接收的辐射主要是离水辐射和大气程辐射，在去除大气程辐射后，根据不同的模型，可计算出水体不同组分的浓度。

如前所述，可见光-近红外多光谱遥感监测海面油膜是利用在可见光波段水面油膜的反射率与洁净海面的反射率相比有较大差别的原理，实现从图像中的大面积海区或湖泊中提取溢油信息。1969年美国首次使用机载可见光扫描仪对井喷引起的油污染进行监测，取得了较好的效果，从那之后便开创了利用可见光研究油膜的新方法，四十多年来，人们一直致力于油膜反射率特征波段的研究。关于可见光-近红外多光谱遥感监测海面油膜的技术，大体可归纳为四种：①波段组合法，利用光学卫星图像，针对具体的溢油事件提出油膜监测的最佳波段组合；②检测模型法，根据油膜在具体图像中的特征，建立相应的检测模型；③独特值法，根据纯净海水中油膜的独特值进行监测；④参数法，引入油水光谱反差和海水方差参数，利用两个参数的计算结果来确定遥感图像的油膜分布。

可见光-近红外多光谱遥感监测海面油膜的缺点：①依赖太阳光，所以夜间不能工作；②不具备穿云透雾能力，所以不能全天候工作。

3.3.2　热红外遥感监测海面油膜机理分析

对于热红外遥感，传感器接收的辐射主要是地物自身发射的热辐射和大气程辐射（包括大气向上的热辐射、地面对大气下行辐射的反射），在去除大气程辐射后，可得到地物自身发射的热辐射。油类物质与水体对太阳辐射的吸收特性不同，所吸收的太阳辐射量不同，这些被吸收的太阳辐射，部分以热能的形式重新释放出去，释放出去多少热能量取决于物质的比辐射率。

油类物质与水体的比辐射率不同，所释放的热能不同，利用热红外遥感监测海面油膜，正是充分利用水和油膜的热红外发射率之间的差别造成辐射能量不同而实现的。一些研究还发现，油膜的比辐射率随着其厚度的增加而增加，由于厚度的不同比辐射率不同，导致发射的热辐射数值不同，在热红外图像上表现出来的就是灰度值不同，故可根据灰度值的不同确定油膜的厚度，进一步推算出总溢油量。

和可见光-近红外遥感相比，热红外遥感遥感监测海面油膜具有全天时的优点，因为其利用的是油膜和水体自身的热辐射，与太阳光线无关，但其存在两个方面的缺点：①不能穿云透雾，因而不具备全天候工作能力；②在大多数情况下，热红外波段不能对乳化溢油进行探测。

3.3.3　微波遥感监测海面油膜机理分析

与光学传感器相比，虽然水体和油膜对微波波段电磁波的吸收比光学波段要小得多，但微波传感器具有穿云透雾的能力，能实现全天时、全天候的工作，所以用微波传感器特别是雷达探测海面油膜非常有利。用于海面油膜探测的微波传感器主要包括微波辐射计、合成孔径雷达（synthetic aperture radar，SAR）和侧视雷达（side-looking aperture radar，SLAR）。对于 SAR 和 SLAR 来说，其原理就是利用油膜会使海洋表面雷达后向散射系数降低而造成的回波减少而出现暗区的现象来实现应用雷达图像检测海面油膜。虽然国内外许多学者利用雷达进行海面油膜监测，但其存在以下缺点：①雷达图像上每个像元内包含许多小区域的雷达反射相干叠加，在图像上形成斑点噪声，使得图像质量降低；②受到海面风、波浪等天然因素的影响，在雷达图像上也表现为黑色斑块，由于缺少光谱信息，往往无法区别遥感图像中油膜和其他暗斑，增加了探测难度。

微波辐射计探测地面目标信号与地面目标的微波发射率有关。实验结果表明，对于波长为 8mm、1.35cm 和 3cm 的微波，无论入射角和油膜厚度如何，油膜的微波辐射率都比海水高，因此，可用微波辐射计观测海面油膜。同时，由于油膜辐射率还随其厚度变化，反映到微波辐射计影像上灰度会随油膜厚度变化而改变，因此可用微波辐射计探测油膜的厚度，进而估算出溢油数量。

3.3.4　激光荧光遥感监测海面油膜机理分析

油类物质中的多环芳烃成分具有荧光特性，即其吸收紫外线后被激发，在可见光波段产生荧光。激光荧光正是利用了这一特性。其基本原理：激光荧光传感器主动向水面发射紫外线，油类物质的荧光成分吸收紫外线后被激发产生荧光，通过测量被激发后的荧光波长就可以识别水面是否有油。

激光荧光传感器的优点：①具有全天时、全天候的工作能力；②所探测的荧光波长具有独特性；③具有二维信息获取功能；④所获资料直观易懂，便于分析。

因此激光荧光传感器是目前各类溢油监测的最有力工具，具有巨大的实用性和发展前景。其缺点是成本高，而且目前主要用于机载平台。现已投入实际应用的有法国的 FIS 系统、加拿大的 SLEAF 系统和德国的 Oldenburg 大学研制的激光荧光传感器。

3.4 水中油遥感探测机理

现行的国内外水体石油类污染遥感监测主要集中于海面油膜探测，对未形成明显油膜的石油类污染情况未加考虑（Otremba and Piskozab，2003b；Otremba and Piskozub，2004；赵冬至和丛丕福，2000；付玉慧等，2008；张永宁等，2000；陆应诚等，2009）。从卫星遥感技术来看，水体石油类污染物质在没有明显形成油膜之前热红外、微波辐射计和雷达都难以检测出来，主要靠可见光-近红外传感器。所以充分利用现有的光学传感器来探测水体石油类污染具有较大的优势。遥感探测水面油膜是基于其表面特性，而遥感探测未形成明显油膜的水体石油类污染是基于其对离水辐射的贡献，属于水色遥感的范畴，因而可以借助水色遥感对水色三要素的研究思路，对其相关科学问题进行研究。目前水色遥感对水色三要素的探测研究主要包括表观光学量、固有光学量、浓度提取模型和荧光特征研究这几个方面，本节主要从这几个方面对水中油遥感探测机理进行分析。

3.4.1 水体石油类物质对离水辐射的贡献

根据 2.3 节分析可知，海洋水色遥感探测的基本物理量是离水反射辐射，即透射入水的太阳辐射经过水体中各个重要光学成分（悬浮泥沙、叶绿素、黄色物质、油污染等）的吸收和散射作用后，离开水面被传感器接收的那部分辐射。遥感探测水面油膜是基于其本身的表面特性，而遥感探测未形成明显油膜的水体石油类污染是基于其对离水辐射的贡献，因而具有不同的光谱辐射传输特征。

根据 2.3.1 小节的讨论可知，遥感传感器接收到的总辐射中 90%是大气辐射，10%是离水辐射，这 10%的离水辐射是水色三要素、石油类物质及其他组分的贡献。显然要从这 10%的离水辐射中确定有多少来自水体石油类物质，属于弱信息提取。那么水体石油类污染浓度达到多大，传感器才能将其探测出来呢？这个界限值的研究对于本书充分利用遥感技术来实现对水体石油类物质监测是关键的。这就需要通过理论计算和大量的实验对石油类物质水体的光谱辐射传输特性进行研究。寻找水体石油类物质的特征波段，掌握水体石油类物质的表观光学特性，为利用遥感技术来识别水中油及提取油浓度奠定基础。

3.4.2 石油类污染水体的固有光学特性

由于水色遥感获取的是离水辐射，而离水辐射的大小取决于水色因子的吸收和后向散射特性，故研究水色因子的遥感探测机理，首先要确定水色因子的固有光学特性。把石油类物质作为一个水色因子，就必然要进行其固有光学特性的研究。在将石油类物质作为一个水色因子时，含油水体的总吸收系数 $a(\lambda)$ 和后向散射系数 $b_b(\lambda)$ 的表达式在式（2-25）～式（2-28）的基础上修改为

$$a(\lambda) = a_w(\lambda) + a_p(\lambda) + a_g(\lambda) + a_{oil}(\lambda) \qquad (3-1)$$

$$b_b(\lambda) = b_{bw}(\lambda) + b_{bp}(\lambda) + b_{boil}(\lambda) \qquad (3-2)$$

式中，$a(\lambda)$、$a_w(\lambda)$、$a_p(\lambda)$、$a_g(\lambda)$ 含义同前；$a_{oil}(\lambda)$ 为石油类物质的吸收系数 (m^{-1})；$b_b(\lambda)$、$b_{bw}(\lambda)$、$b_{bp}(\lambda)$ 含义同前；$b_{boil}(\lambda)$ 为石油类物质的散射系数 (m^{-1})（Huang et al.，2014a）。

3.4.3 生物-光学模型的拓展

根据 2.3.2 小节的分析可见，生物-光学模型可以同时反演水色三要素（叶绿素、黄色物质和悬浮物）浓度。把石油类物质作为水色遥感的一个新的因子引入时，就可利用生物-光学模型提取石油类含量及其他水色因子的浓度，拓展了生物-光学模型的应用。

第 4 章　数据采集与处理

4.1　实验场地描述

本书的实验场地之一为辽宁省盘锦市辽河油田区域，境内有双台子河和绕阳河。辽河油田是我国第三大油田，主要产品为原油和天然气。水体光谱和石油类污染测定另外一个采样场地位于甘肃省庆阳市长庆油田区域，境内有环江、柔远河和马莲河。油田开采活动不可避免地对水环境产生一定影响，成为石油类污染水体固有光学特性和表观光学特性的一个较为典型的实验研究区域。

4.2　实验仪器与测定方法

本节主要介绍书中相关研究使用到的仪器，包括表观光学量测定仪器、固有光学量测定仪器、水质参数测量仪器等。

4.2.1　光谱测量仪

不同的地物，其反射光谱曲线是不同的，即使是同一地物，由于内部结构和外部形态的不同，其反射率也不尽相同。根据同一物体的波谱曲线反映出不同波段的不同反射率，将此与遥感传感器的对应波段接收的辐射数据相对照，可以得到遥感数据与对应地物的识别规律。因而利用地物光谱辐射仪进行地物光谱测定，旨在掌握地物的反射光谱曲线变化特征和规律，从而为遥感影像的判读和解译提供依据。

水体光谱特性与陆地光谱特性有很大不同。相对于陆地光谱，海面的离水辐射光谱比较弱，必须采用不同的手段和方法测量。水下剖面数据测量方法（underwater profile measurement）和水面以上测量方法（above-water measurement）是两种较为常用的现场水色测量方法。

1. 常用的光谱测定仪器介绍

野外光谱仪是地面遥感信息采集的基本设备，其主要工作原理是通过光纤探头获取目标物的电磁波信息，再经过模/数（A/D）转换变成数字信号。操作时，有的类型自带主机控制光谱仪，可实时显示测量结果，有的类型则需利用便携式计算机控制光谱仪来显示测量结果。不管哪种类型，结果数据往往需要用仪器自带的软件进行读取或进行格式转换。目前的野外光谱辐射仪有十几种，波长范围一般在300~2500nm，光谱分辨率和波段数不尽相同。用于水体离水辐射和遥感反射比测量的光谱仪，对仪器本身有如下要求：①检测范围350~1050nm且在500nm处有优于3nm的分辨率；②仪器的信噪比要尽量高。本节主要介绍本书中使用到的两种光谱仪。

（1）便携式野外地物光谱仪。水体光谱测定采用美国ASD公司FieldSpec FR便携式野外地物光谱仪（analytical spectral devices，ASD），波段范围为0.35~2.5μm，光谱分辨率为1nm，光谱仪探头视场角为25°，这是国内目前最普遍应用的一种。

（2）微型光纤光谱仪。目前在国内各科研单位中，使用较广泛的是美国的ASD系列光谱仪，可用于水面以上测量，但体积比较大。美国海洋光学公司（Ocean Optic）推出了一系列可定制的微型光纤光谱仪，包括USB系列、HR系列和QE65000科研级。这些微型光纤光谱仪的共同特点是体积小，都可通过USB接口与电脑相连接。

Ocean Optics公司研发S1024DWX型大阱深探测器光谱仪不仅在光谱范围和分辨率方面都可以满足实验要求，在理论上信噪比更是可以达到8000：1，是目前测量水体离水辐射和遥感反射比的最佳选择。

2. 测量方法

野外光谱测定的目的是为了求出水体的离水辐亮度L_w。在现场光谱采集中，利用光谱仪ASD直接测量的物理量包括水体辐亮度$L_{seawater}$、天空辐亮度L_{sky}、灰板辐亮度L_p，与水体离水辐亮度L_w的关系为

$$L_{seawater} = L_w + \gamma L_{sky} + L_g \qquad (4\text{-}1)$$

式中，γ为水/气界面对天空光的反射率（无量纲）；L_g为太阳的镜面辐射率，通常情况下这一项很难测量，但如果采用适当的测量方位角和仪器观测角度，此项作用可以忽略。在避开太阳直接反射、忽略或避开白帽的情况下，式（4-1）可转换为

$$L_w = L_{seawater} - \gamma L_{sky} \qquad (4\text{-}2)$$

遥感反射率R_{rs}（无量纲）为

$$R_{rs} = \frac{L_w}{E_s} \qquad (4\text{-}3)$$

式中，E_s为太阳辐照度，其值为

$$E_s = \frac{L_{pL} \, \pi}{\rho_p} \qquad (4\text{-}4)$$

其中，L_{pL} 为灰板的反射辐射；ρ_p 为灰板反射率，与波长有关。为了消除噪声（随机因素）的影响，对所有水体光谱数据采用 3nm 的移动算术平均值，作为对应波段的取值。

对表观光学量的测量运用的是水面以上测量方法，采用观测天底角为 40°，仪器观测方位角和太阳光夹角为 135° 的观测几何。测量时，按参考板、水体、天空、参考板、遮光参考板的次序测量每个样本，每组测量 15 条光谱，每条光谱之间的间隔为 1s。

本书测量水体光谱时所使用的测量仪器为美国 ASD 公司生产的可见光-近红外地物光谱仪（ASD FieldSpec3，350～2500nm），参考板为 30% 反射率的标准板。

4.2.2 分光光度计与吸收系数的测量

1. 分光光度计介绍

吸收系数的实验室测定主要包括黄色物质、非色素颗粒物和色素的吸收系数，采用日本日立 UV-3900 可见光分光光度计进行测定。该仪器为双单色系统，采用 Wu 灯（可见光区）和 D2 灯（紫外区）作为光源，可根据检测需要进行波长转换，波长范围 190～900nm，光谱带通为 0.1nm、0.5 nm、1nm、2nm、4nm、5nm（6 步进），波长准确性为±0.1nm（波长校准后在 656.1nm）。在本书具体测量数据时，波长设置为 250～800nm，样品的制备、测量和分析过程都遵循 NASA 水色观测规范。

2. 现场样品采集

现场样品采集包括水槽配比实验和现场采集水样两种方式。所有采集的水样都被分成两部分：一部分直接注入样品瓶，并将样品瓶保存在液氮中带回到实验室进行过滤，供黄色物质吸收系数测量使用；另一部分直接转移到干净的容器中，进行过滤处理，制作颗粒物样品，供颗粒物吸收系数测量使用。

3. CDOM 吸收系数测定

将野外采集或配比实验获取的水样，用直径 25mm 孔径 0.2μm 的聚碳酸酯滤膜继续进行过滤，得到的过滤液作为 CDOM 样本。测量时，首先将两个 10cm（参比和样品）比色皿盛满纯水，放入分光光度计（型号 U-3010，日本日立）的两个光路，测量参比纯水的光学密度 $OD_{bs}(\lambda)$（无量纲），然后取出样品比色皿，倒掉纯水，盛满样品，测量 CDOM 相对于纯水的光学密度 $OD_s(\lambda)$（无量纲）。

按照 NASA 给定的海洋光学测量规范，CDOM 吸收系数的计算公式为（Mitchell and Bricaud，2000）

$$a_g(\lambda) = \frac{2.303}{l}\left\{\left[OD_s(\lambda) - OD_{bs}(\lambda)\right] - OD_{null}\right\} \tag{4-5}$$

式中，$a_g(\lambda)$ 为 CDOM 吸收系数 (m^{-1})；l 为比色皿的光程（通常是 0.1m）；$OD_s(\lambda)$ 为样品相对于参比纯水的光学密度（无量纲）；$OD_{bs}(\lambda)$ 为经过样品处理程序处理后的空白纯水相对于参比纯水的光学密度（无量纲）；$OD_{null}(\lambda)$ 为在可见光长波段或近红外波段溶解物质吸收可以假定为零的波段的表观残余光学密度（无量纲），即在长波段可见光或近红外波段的残余吸收。在利用分光光度计测量黄色物质吸收系数的过程中，由于纯水的吸收光谱随温度变化很大，特别是在 650～750nm，因此必须检查数据找出合适的波长范围作为零点进行校正。由于 I 类水体比较"清洁"，CDOM 吸收系数呈 e 指数衰减，一般光谱在 600nm 波段就趋近零值，因此 NASA 给定的海洋光学测量规范推荐 $OD_{null}(\lambda)$ 采用取 590～600nm 的平均值。如图 4-1 所示，系列 1 为本研究区域未进行任何校正的 CDOM 吸收光谱，即用式（4-5）不考虑 $OD_{null}(\lambda)$ 的计算结果，显然，虽然 CDOM 的吸收系数依然呈 e 指数衰减，但在 600nm 后没有明显的趋近零值。图 4-1 中的系列 2 为根据式（4-5）采用 590～600nm 作为残余校正获取的黄色物质吸收系数曲线，显然在浑浊 II 类水体按照用 NASA 海洋光学测量规范推荐的 590～600nm 波段作为残余校正波段，会导致黄色物质吸收系数的"过低"估计，这主要是由于 II 类高浑浊水体溶解物质在 590～600nm 波段还有强烈的吸收存在。

Bricaud 等（1981）针对浑浊水体，提出了一种利用 750nm 黄色物质吸收系数进行散射校正的计算公式，即利用以下公式计算各波长的吸收系数并进行散射校正：

$$a_g(\lambda') = \frac{2.303D(\lambda)}{r} \tag{4-6}$$

$$a_g(\lambda) = \frac{a_g(\lambda') - a_g(750)\lambda}{750} \tag{4-7}$$

式中，$D(\lambda)$ 为吸光度（无量纲），相当于 $\left[OD_s(\lambda) - OD_{bs}(\lambda)\right]$；$r$ 为光程路经（m）；$a_g(\lambda')$ 为波长 λ 未校正的吸收系数 (m^{-1})；$a_g(\lambda)$ 为波长 λ 的吸收系数 (m^{-1})。图 4-1 中的系列 3 为利用式（4-6）和式（4-7）计算出来的 CDOM 的吸收系数曲线，显然选择 750nm 作为散射校正比较合理，故本书采用 750±10nm 对黄色物质吸收系数进行散射校正的方法（黄妙芬等，2010a）。

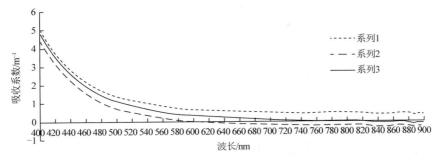

图 4-1　黄色物质吸收系数两种长波段残余校正方法对比

4. 总颗粒物吸收系数测定

在低真空度（约 125mm 汞柱）下，用直径 25mm 孔径 0.7μm 的 whatman GF/F 玻璃纤维滤纸过滤足够体积的水样，记录滤膜上富含颗粒物的有效面积直径及过滤体积；将分光光度计的两条光路分别放置富集了颗粒物的滤纸和同样规格被充分润湿的空白滤纸，测量总颗粒物的光学密度 $\mathrm{OD}_{\mathrm{fp}}(\lambda)$，然后计算颗粒物的吸收系数 $a_{\mathrm{p}}(\lambda)$。对于受石油污染的水体，颗粒物吸收系数当中可能含有石油物质的吸收系数，这需要在后续的数据分析中进行分离。

在获取样品的光密度值之后，通过下式计算颗粒物吸收系数 $a_{\mathrm{p}}(\lambda)$：

$$a_{\mathrm{p}}(\lambda)=\frac{2.303 A_{\mathrm{f}}}{\beta V_{\mathrm{f}}}\left[\mathrm{OD}_{\mathrm{fp}}(\lambda)-\mathrm{OD}_{\mathrm{null}}\right] \tag{4-8}$$

式中，A_{f} 是样品膜中样品所占的真实面积 $\left(\mathrm{cm}^2\right)$；$V_{\mathrm{f}}$ 是样品对应的过滤体积（mL）；β 为滤膜富集颗粒导致的光路扩大效应系数（无量纲）；$\mathrm{OD}_{\mathrm{null}}$ 取 790～800nm 波段范围光密度的平均值。研究中光路扩大校正系数 β 采用 Mitchell 等（2000）的结果：

$$\beta=\frac{1}{0.392+0.655\left(\mathrm{OD}_{\mathrm{fp}}(\lambda)-\mathrm{OD}_{\mathrm{null}}\right)} \tag{4-9}$$

5. 非色素颗粒物吸收系数测定

将颗粒物吸收系数测量的滤纸，采用甲醇萃取的方法去掉色素；然后同颗粒物吸收系数光学密度方法相同，测量非色素颗粒物光学密度 $\mathrm{OD}_{\mathrm{fd}}(\lambda)$，计算非色素颗粒物吸收系数 $a_{\mathrm{d}}(\lambda)$。用式（4-8）和式（4-9）计算，把式中的 $\mathrm{OD}_{\mathrm{fp}}(\lambda)$ 改为 $\mathrm{OD}_{\mathrm{fd}}(\lambda)$、$a_{\mathrm{p}}(\lambda)$ 改为 $a_{\mathrm{d}}(\lambda)$ 即可。在受石油污染的水体中，在去色素的过程中，会将残留在颗粒物上的石油物质一起带走，因此，此时非色素颗粒物吸收系数中不含有石油物质的吸收系数。

6. 计算色素颗粒物吸收系数

总颗粒物中含有色素颗粒物和非色素颗粒物，因此色素颗粒物吸收系数为总颗粒物和非色素颗粒物吸收系数的差，即色素颗粒物吸收系数 $a_{ph}(\lambda)(m^{-1})$ 为

$$a_{ph}(\lambda) = a_p(\lambda) - a_d(\lambda) \tag{4-10}$$

7. 石油类物质的吸收系数

如前所述，石油类物质主要以漂浮油、分解油、分散油和乳化油的形式存在于水体中，漂浮油以油膜形式存在，分解油和分散油主要以黄色物质的形式存在，而乳化油主要以颗粒物的形式附着于水体的悬浮颗粒物上。因而黄色物质测量中含有石油光学特性，在总颗粒物吸收系数测量中，也包含石油类物质的影响。在总颗粒物样本中，利用甲醇去除色素后测定非色素颗粒物的吸收系数，由于石油类物质溶解于甲醇，因而去除色素时就把石油类物质带走了。色素颗粒物的吸收系数的获取采用的是由总颗粒物吸收系数减去非色素颗粒物吸收系数的方法，显然，在受石油污染的水体中，色素颗粒物的吸收系数中含有石油吸收系数特征，因而要解决的关键问题是从黄色物质和色素的吸收系数中分离出石油类物质的吸收系数。

4.2.3 后向散射测量仪 HS-6

现有的后向散射系数数据获取方式主要有两种：反演方法和仪器测量。其中反演方法归纳起来有以下三类：①蒙特卡洛（Monte Carlo）模拟结果的统计回归法（Gordon，1991；Kirk，1984）；②线性方程反演（linear matrix inversion）（Hoge and Paul，1996；唐军武和田国良，1997）；③现场遥感反射率与固有光学量测量结果的统计回归反演（Lee et al.，1998）。用于测量水体后向散射系数的仪器为数不多，国内常用的主要有以下两类：①美国 Hobilabs 公司生产的 HS-6（hydroscat-6 spectral back scattering sensor，6 通道后向散射仪）（宋庆君等，2008）；②美国 Wetlabs 公司生产的散射仪（BB9）（孙德勇等，2008）。本小节主要介绍 HS-6 的测量原理和数据处理。

1. 测量原理

由式（2-21）可见，要求解后向散射系数 $b_b(\lambda)$，需要知道 $\chi(\theta)$ 与 $\beta(\theta)$ 的数值。美国 Hobi Labs 公司经过大量的测量，最后定下 140°后向散射系数与体散射函数的关系，确定式（2-21）中 $\chi(\theta)$ 的取值为 1.08，则式（2-21）可写成

$$b_b(\lambda) = 2\pi \times 1.08 \beta(140) \tag{4-11}$$

式中，水的 140° 体散射函数 $\beta(140)$ 为

$$\beta(140) = 1.38\left(\frac{\lambda}{500}\right)^{-4.32}\left(1+\frac{0.3S}{37}\right)10^{-4}\left[1+\cos^2 140° \times (1-\delta)(1+\delta)\right] \quad (4\text{-}12)$$

其中，$\delta = 0.09$。

依据式（4-11）和式（4-12），美国 Hobi Labs 公司研制了后向散射仪 HydroScat 6（简称 HS-6），HS-6 通过测量 140° 体散射函数值，计算得到 $b_b(\lambda)$，其以 LED 作为光源，6 个通道分别是 442nm、488nm、532nm、589nm、676nm、852nm，只有 676nm 波段的带宽是 20nm，其余都是 10nm，测量精度 $2\times10^{-4}\text{m}^{-1}$。

2. 测量方法

实验前仪器在实验室进行过定标。测量时将仪器前面板浸没水中约 20cm，配比实验时因为水面较平，另外为了避免水槽底部对数据的影响，仪器前面板浸没水中 5～10cm，取 1 分钟的测量平均值作为测量值。后向散射系数的具体测量步骤为：首先将 HS-6 测定仪投放到水中，使前面板浸入水中 20cm，测量 1min，然后将仪器慢慢向下布放，测量水体后向散射系数的剖面光谱。

3. 数据校正

数据校正就是对光学信号在整个光路传输中衰减的能量补偿，140° 属于大角度体散射测量仪器，由于在水中的光学路径长，因此对于有强烈衰减的水体，一定要做 sigma 校正，sigma 校正是针对具有强烈吸收特性水体中后向散射系数测量技术的一种修正方法。其校正过程为（宋庆君等，2008；黄妙芬等，2009b）

$$b_b(\lambda) = \sigma b_{bu}(\lambda) \quad (4\text{-}13)$$

式中，σ 为校正因子（无量纲）；$b_{bu}(\lambda)$ 为未校正的后向散射系数 (m^{-1})。由于利用 HS-6 测定的散射系数是包括纯水的，所以在进行 sigma 校正之前，未校正的后向散射系数 $b_{bu}(\lambda)$ 要先将用 HS-6 测量的对应波长的后向散射系数减掉纯水对应波长的后向散射系数，其计算公式如下：

$$b_{bu}(\lambda) = \frac{b_b^*(\lambda) - b_w(\lambda)}{2} \quad (4\text{-}14)$$

式中，λ 为对应波段（nm）；$b_{bu}(\lambda)$ 为对应波段去除纯水后向散射系数后的值 (m^{-1})；$b_b^*(\lambda)$ 为利用 HS-6 测量的对应波长的后向散射系数 (m^{-1})；$b_w(\lambda)$ 为对应波长纯水的后向散射系数 (m^{-1})。纯水的后向散射系数如表 4-1 所示（Morel et al.，1974）。

表 4-1　纯水的后向散射系数

	λ / nm					
	442	488	532	589	676	852
取值/回复	0.003 740	0.002 435	0.001 671	0.001 105	0.000 635	0.000 280

σ 的计算式为

$$\sigma = k_0(\lambda)\exp\left[k_{\exp}(\lambda)\cdot k_{bb}(\lambda)\right] \tag{4-15}$$

式中，系数 $k_0(\lambda)$ 和 $k_{\exp}(\lambda)$ 是同仪器密切相关的参数，通过定标文件可以获取，本书中的取值如表 4-2 所示。

表 4-2　系数 $k_0(\lambda)$ 和 $k_{\exp}(\lambda)$ 的取值

	λ/nm					
	442	488	532	589	676	852
$k_0(\lambda)$	0.999	0.998	0.993	0.98	0.935	0.744
$k_{\exp}(\lambda)$	0.143	0.146	0.152	0.151	0.148	0.148

系数 $k_{bb}(\lambda)$ 为后向散射系数信号在水中由于非水成分造成的衰减，随水体不同而不同。如前所述，数据校正就是对光学信号在整个光路传输中衰减的能量补偿，理论上在整个光学传输过程中全光程信号都会被吸收，由于仪器设计和光学传输的几何性，仪器在 8° 视场角范围内只接收到整个光学传输过程中总散射光的 60%，约有 40% 的光信号会被散射出去，换句话说，总的信号传输过程中衰减量为全程吸收和 40% 的散射系数，因此系数 $k_{bb}(\lambda)$ 可用下式计算，即

$$k_{bb}(\lambda) = a(\lambda) + 0.4b(\lambda) \tag{4-16}$$

式中，$a(\lambda)$ 为吸收系数 (m^{-1})；$b(\lambda)$ 为散射系数 (m^{-1})，可利用后向散射概率（取 0.019）和未校正的后向散射系数 $b_{bu}(\lambda)$ 计算得到，即 $b(\lambda) = b_{bu}(\lambda)/0.019$。$a(\lambda)$ 可用下式计算，即

$$a(\lambda) = a_p(\lambda) + a_g(\lambda) \tag{4-17}$$

其中，$a_p(\lambda)$ 和 $a_g(\lambda)$ 分别为利用分光光度计测量的总颗粒物和黄色物质的吸收系数。

对于浑浊水体，测量的后向散射系数数据应该经过 sigma 校正（一种光学能量传输过程中等效的能量补偿），校正中后向散射概率选择 0.019。校正前后的数据比较如图 4-2 所示。分析实测数据表明，实验区所有站点的总悬浮物浓度都在 20mg/ m³ 以上，属于中和高浑浊水体，图 4-2 所选择的三个系列对应的总悬浮物浓度分别约为 45mg/ m³，37mg/ m³，27mg/ m³；石油类物质浓度分别为 0.952mg/ dm³，0.375mg/ dm³，0.578mg/ dm³。

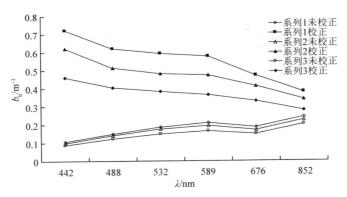

图 4-2 sigma 数据校正前后的后向散射系数比较

由图 4-2 可见，校正后的数据比校正前的数据要大得多，尤其蓝光波段数据增加得尤为明显。这主要是因为水体越浑浊，校正因子就越大，后向散射系数也就变大。另外，从图中还可以看出，未校正的后向散射系数数据出现了蓝光波段比红光波段数值还小的情况，经过校正以后，蓝光波段几乎都大于红光波段的数值，这与太湖的实验结果是一致的，都是因为研究区域处于中等和高浑浊水体所致。但是校正后的数据不够光滑，在 589nm 有一个小峰值，这可能是 589nm 的数据出现"过"校正现象造成的。

4.2.4 粒度测量仪 LISST100X

美国 SEQUOIA 公司生产的 LISST 100B X 激光粒径仪，可以直接测量颗粒物的浓度、粒径的大小。LISST 仪器的设计理念是基于光的前向散射主要受到颗粒物的个数和粒径比的影响，而不受颗粒物种类影响（即与颗粒物的折射系数无关），且与前两者成正相关，因此无论何种颗粒物，均可用 LISST 测量其粒径大小以及体积浓度，且差别极小。

1. 测量原理

LISST 100B X 采用激光衍射原理：由波长为 658nm 的激光器发射一束光，当光束遇到颗粒物阻挡时，一部分光将发生散射现象，粒径越大散射角度越小，粒径越小散射角度越大。为了有效测量不同角度上的散射光的光强，在光束中的适当位置上放置一个富氏透镜，在该富氏透镜的后焦平面上放置一组多元光电探测器，这样不同角度的散射光通过富氏透镜就会照射到多元光电探测器上，将这些包含粒度分布信息的光信号转换成电信号并传输到电脑中，通过专用软件用 Mie 散射理论进行处理，就能够把散射记录通过数学转换成为粒径分布和颗粒物在水中的浊度。LISST 100B X 型 32 个粒径大小及 32 个散射角的设置情况如

表 4-3 所示。

表 4-3   LISST 100B X 型 32 个衍射环对应的粒径范围（1.25～250μm）及相应的测量角度范围

序号	粒径/μm	角度/°	序号	粒径/μm	角度/°
1	1.44	0.106	17	19.50	1.500
2	1.68	0.125	18	23.00	1.770
3	1.97	0.148	19	27.10	2.090
4	2.31	0.174	20	31.90	2.460
5	2.72	0.206	21	37.60	2.910
6	3.19	0.243	22	44.40	3.430
7	3.76	0.287	23	52.40	4.050
8	4.43	0.338	24	61.70	4.780
9	5.21	0.400	25	72.80	5.630
10	6.14	0.470	26	85.90	6.650
11	7.24	0.560	27	101.00	7.850
12	8.54	0.660	28	119.00	9.260
13	10.10	0.770	29	140.00	10.930
14	11.90	0.910	30	166.00	12.900
15	14.00	1.080	31	196.00	15.220
16	16.50	1.270	32	231.00	17.960

2. 数据采集

LISST 内部具有独立的数据记录装置和电池组，可直接用于野外实验测量，也可以连接计算机用于实时数据测量，这里主要介绍室内测量的使用方法。

在正式测量前，需先检测仪器镜头清洁程度，同时确定测量基底值。将纯水倒入样品槽中，确保纯水完全没过镜头，测量时观察用蒸馏水做背景的波形。如果波形前几个粒径尺度较大，后面变化趋势一致，表明室激光器故障或镜头污染。如果波形走势基本一致，可判定背景噪声正常。如果波形后几个粒径尺度较大，表明做背景的水不干净。待波形正常后，如果对测量结果满意，可以将测量结果导出存入到指定的文件中。将样品槽中的纯水倒出，清洗样品槽后，在其中倒入预测量样品。倒入样品时不要过快过急，保证样品槽中不会出现气泡，同时保证预测量样品完全没过镜头。进入测量页面开始测量，一组测量结束后，将样品槽中的样品倒出，清洗样品槽，然后进行下一组测量。全部测量完成后清洗仪器。

3. 原始采集数据处理

完成 LISST 100B X 仪器测量后，需将原始采集数据转换为处理后结果数据。处理后的文件有以下几种类型：①.dat，仪器采集的原始数据，以二进制格式存储；

②.log，仪器采集的原始数据，以文本格式存储；③.psd，处理后（扣除背景数据后）的数据，以二进制格式存储；④.asc，处理后的数据，以文本格式存储。①和②两种原始数据文件的数据位及其意义如表 4-4 所示，③和④这两种处理后数据文件数据位及其意义见表 4-5。

表 4-4　原始数据文件格式（.dat 和.log）

数据位	意义
1～32	第 1 环到 32 环所检测到的激光能量
33	激光光学传导率原始数据
34	电池电压原始数据
35	外部辅助输入信号所对应的原始数据
36	激光相应能量原始数据
37	压强原始数据
38	实际温度的 100 倍，单位为℃
39	日×100+小时
40	分×100+秒

表 4-5　处理后数据文件格式（.psd 和.asc）

数据位	意义
1～32	第 1 环到 32 环所检测到的激光能量换算后的体积分布
33	激光光学传导率
34	电池电压
35	外部辅助输入信号所对应的处理后数据
36	激光参考能量
37	水深
38	温度，单位为℃
39	日×100+小时
40	分×100+秒

4.2.5　18 角度激光散射测量仪 DAWN HELEOS

1. 测量原理

DAWN HELEOS Ⅱ 18 角度激光散射测量仪是由美国 Wyatt 公司所设计生产的，主要用于测量大分子物质的绝对分子量和分子尺寸等，多用于生物、化学、制药等领域，内部装载 Windows 系统，可独立使用。本书主要利用这台仪器分析测量样品的体散射情况，该仪器可以测量 18 角度的散射强度，除了 1 个角度为 90°外，有 10 个前向散射角度和 7 个后向散射角度，其输出值为电压值。

18 角度激光散射测量仪测量原理：利用波长为 658nm 的激光器发射波长，当激光光束照射到样品上，样本中的颗粒物会发生散射，该波长处，水体的吸收较弱，可以更好地确定散射对光的影响。仪器在样品周围有 18 个接收镜头（对应 18 个角度），如表 4-6 所示，根据所接收的数据，即可模拟出样品的体散射强度随着角度变化的曲线。测量样品的体散射强度以电压值的形式输出。

表 4-6　DAWN HELEOS Ⅱ 18 角度激光散射仪各通道观测角度设置情况

通道	观测角度	通道	观测角度	通道	观测角度
1	22.5°	7	57.0°	13	108.0°
2	28.0°	8	64.0°	14	117.0°
3	32.0°	9	72.0°	15	126.0°
4	38.0°	10	80.0°	16	134.0°
5	44.0°	11	90.0°	17	141.0°
6	50.0°	12	99.0°	18	147.0°

2. 测量方法

具体测量时测量时间为 5min，测量频率设置为 0.5Hz，当采集够 60 个样品，即测量 2min 以上时，即可停止测量。在利用 18 角度散射测量仪测量样本时，由于被测量的样本中颗粒分布并不会像肉眼看到的那么均匀，会使机器测量随时间产生波动，解决的办法是：在测量时不断手工旋转样本瓶，使样本瓶在各个角度上的影响均匀化。电脑屏幕上显示的是连续观测的时间内，18 个角度所接收到的光信号经光电转化所得到的电压值。此时，仪器上所显示的图像为根据 18 个角度的测量值模拟出的体散射函数曲线。全部测量结束后，直接退出程序，关闭仪器即可。

4.2.6　油浓度测定仪器

1. 仪器介绍

在 3.2.1 小节中，已经详细介绍了石油类污染测定方法，在此不再赘述。本书中石油类污染测定采用红外分光法。该方法的基本原理是：用四氯化碳萃取水中的油类物质，测定总萃取物，然后将萃取液用硅酸镁吸附，去除动、植物油等极性物质后，测定石油类。总萃取物和石油类的含量均由波数分别为 2930cm^{-1}（CH$_2$ 基团中 C—H 键的伸缩振动），2960cm^{-1}（CH$_3$ 基团中 C—H 键的伸缩振动）和 3030cm^{-1}（芳香环中 C—H 键的伸缩振动）谱带处的吸光度 A2930、A2960、A3030 进行计算。动、植物油的含量为总萃取物与石油类含量之差。所使用仪器为 JK-951

多功能红外测油仪。该仪器是由中国石油化工集团公司环境监测总站根据其负责起草的《水质 石油类和动植物油的测定 红外光度法》（GB/T 16488—1996）的测定原理研制的，采用三波长扫描测定水中的油含量（黄妙芬等，2009c）。

2. 测量方法

测量过程主要包括三个步骤：萃取、吸附和测定。将一定体积的水样全部倒入分液漏斗中，加盐酸酸化至 pH<2，用 20mL 的四氯化碳洗涤采样瓶后移入分液漏斗中，加入 20g 氯化钠，充分振荡 2min，并经常开启活塞排气，静置分层后，将萃取液经 10mm 厚度无水硫酸钠的玻璃砂心漏斗流入容量瓶中，用 20mL 四氯化碳重新萃取一次，取适量的四氯化碳洗涤玻璃砂心漏斗，洗涤液一并流入容量瓶，加四氯化碳稀释至标线定容，并摇匀。取适量的萃取液通过硅酸镁吸附柱，弃去约 5mL 的滤出液。余下部分接入玻璃瓶用于测定石油类，如萃取液需要稀释，应在吸附前进行。经过硅酸镁吸附柱处理后，由极性分子构成的动、植物油被吸附，而非极性石油类不被吸附，某些非动、植物油的极性物质（如含有—C—O，—OH 基团的极性化学品等）也同时被吸附，当水样中明显含有此类物质，可在测试报告中加以说明。以四氯化碳作为参比溶液，使用适当光程的比色皿，在 3400～2400cm⁻¹ 之间分别对萃取液和硅酸镁吸附后滤出液进行扫描，于 3300～2600cm⁻¹ 之间划一直线作为基线，在 2930cm⁻¹、2960cm⁻¹、3030cm⁻¹ 分别测量萃取液和硅酸镁吸附后滤出液的吸光度 A2930、A2960、A3030，并分别计算总萃取物和石油类的含量，按总萃取物和石油类之差计算动、植物油的含量。

4.2.7　荧光计

1. 仪器介绍

荧光分析使用日本岛津 RF-5301 荧光分光光度计，在进行实验之前，对测量仪器进行标定。RF-5301 灯源采用的是 150W 的氙灯，闪耀式全息光栅，波长范围为 220～900nm，波长精度为±1.5nm，分辨率为 1nm；狭缝宽为 1.5 nm、3 nm、5 nm、10 nm、15 nm、20nm，S/N 值在 150 以上（带宽 5nm，水拉曼峰时）。

2. 测量方法

在测量时，荧光激发和发射单色狭缝宽度设为 5nm，液池为 1cm 石英槽，激发波长为 220～400nm，激发波长间隔为 5nm，发射波长为 250～600nm，发射波长以 1nm 间隔得到荧光光谱。以 Milli-Q 水作为空白，减去 Milli-Q 超纯水三维荧光光谱以校正水的拉曼散射。

3. 数据处理

由于瑞利散射和拉曼散射的存在，在以 Milli-Q 水为参比时，会出现较强的散射峰，从而掩盖 CDOM 的荧光峰，因而需对测量的荧光数据进行校正。去除瑞利散射的方法有很多，主要有加权法、空白扣除法、Delaunay 三角形内插值法等。加权法就是通过降低散射区域的权重，或通过增强信号区域的权重，使得散射的强度降低，从而显现原有的荧光信息。这种方法会使散射区域的荧光信号被降权。空白扣除法是分析工作者经常采用的一种校正方法，是将样品三维荧光光谱与空白三维荧光光谱进行差减，空白扣除法能够有效去除均匀溶液的散射，对于浮游藻的悬浊液而言，瑞利散射去除效果不理想。Delaunay 三角形内插值法是根据散射带两侧的数据拟合得到去除散射后的荧光光谱。Richard 等应用 Delaunay 三角形内插值法对海水中的 CDOM 三维荧光光谱中的瑞利散射进行去除，不仅基本消除了瑞利散射，而且有效的保留了散射区域的荧光信号（Richard and Miller，2004）。

本书的校正方法是 Delaunay 三角形内插值法。运用该方法首先要确定散射的区域，一般是在发射波长等于1 倍、2 倍或3 倍激发波长处及其邻近区域（10～15nm）。对于确定的散射区域，先将这部分区域切除，也就是使结果为零，然后运用 Delaunay 三角形内插值法，根据散射带两侧的数据拟合得到去除散射后的荧光光谱。具体来讲，对数据应用 Delaunay 三角剖分可得到一系列连接数据点的三角形，使得没有数据点包含在任意三角形内，对 Delaunay 三角剖分进行插值可以产生矩形格栅上的数据点，进行内插点时必须知道内插点所在的三角形，然后对初始三角网进行局部重构，最后进行 LOP（local optimization procedure）局部优化得到内插点。插值方法包括线性插值、立方插值和最近点插值等几种方法，本书采用线性插值法进行 Delaunay 三角剖分插值。Delaunay 三角形内插值法只是针对确定的散射区域进行拟合，未发生散射的区域，其信号与未去除散射前保持一致。通过这样的限制条件可以在最大程度上保证光谱的形状不发生变化。由于只是对散射带附近的信号进行内插值，所以未切除的区域在校正前后信号强度不变。

4.3　辅助数据测定

本书实验观测项目除水体表观光学量（遥感反射率）和固有光学量（三要素吸收系数）外，还包括水质参数分析（叶绿素、悬浮泥沙、石油类、COD）、大气光学参数（大气臭氧、大气气溶胶和大气水汽）和环境辅助参数等，测量方法和参照规范如表 4-7 和表 4-8 所示。

表 4-7　水体组分参数及大气光学参数的测量方法与参考规范

观测内容	使用方法	参考标准
叶绿素浓度	荧光法和液相色谱	
悬浮物浓度	称重法	海洋光学调查技术规程（NASA 标准）
黄色物质浓度	紫外-可见光分光法	
石油类污染物浓度	红外分光法	
COD	重铬酸法（微波密封消解法）	《水质 化学需氧量的测定 重铬酸盐法》（GB11914—1989）
气溶胶光学厚度	—	
大气水汽含量	—	海洋光学调查技术规程（NASA 标准）
大气臭氧含量	—	

表 4-8　环境参数测定及使用方法

观测项目	观测内容	使用方法
环境辅助参数	水体透明度	透明度盘
	水深	带刻度的竹竿
	风速和风向	轻便风速表

4.4　配比实验方法

4.4.1　模拟水体污染过程配比实验

模拟水体污染过程是在自然水体中不断加入石油类污水，逐渐加大石油类污染的浓度。该过程实验步骤：①在事先准备好的水槽（水槽容积 50L）内盛满未受污染的自然水（河水、水库水、湖泊水或者海水），或者自来水，依次测定表观光学量、后向散射系数，搅拌后取水样，水样分放于 1000mL 棕色广口瓶、2.5L 塑料桶和 500mL 小口玻璃瓶，棕色广口瓶水样用泡沫箱装冰块保存，用于吸收系数室内测定，2.5L 塑料桶水样用于 COD、叶绿素和悬浮泥沙测定，500mL 小口玻璃瓶水样用于石油类污染浓度测定，记录样本编号；②从水槽中取出 5L 河水倒掉，加入 5L 取自污水处理厂的污水，充分搅拌，待平稳后测量表观光学量、后向散射系数，搅拌后取水样（同步骤①），此时水槽内样品为受污染水体样品，记录样本编号；③从水槽中取出 5L 水倒掉，将污染物样品 5L 倒入水槽中，其余操作同步骤①；④多次重复步骤③，此时可以获得 N 个不同污染程度的样品。

4.4.2 模拟水体自净过程配比实验

模拟水体自净过程是在污水中不断加入自然河水或蒸馏水，逐渐降低石油类污染的浓度。该过程实验步骤：①在事先准备好的 50L 水槽中装满河水或蒸馏水，作为完全无污染水体，然后测量表观光学量、后向散射系数，搅拌后取水样，水样的处理同 4.4.1 的步骤①；②把整个水槽的河水或蒸馏水倒掉，装入取自污水处理厂的 50L 污水，测量表观光学量、后向散射系数，取水样，水样的处理同①；③倒出 25L 水，加 25L 河水或蒸馏水（河水用纱布过滤，去掉一些大的颗粒和杂质），测量表观光学量、后向散射系数，取水样，水样的处理同①；④多次重复步骤③，此时可以获得 N 个不同污染程度的样品。

4.4.3 水砂配比和油砂配比实验

水砂配比的目的是利用石英砂已知折射系数的特点，根据 Mie 散射理论，使用 LISST 测量的粒径浓度和粒径大小计算出石英砂的体散射函数 $\beta(\theta)$，然后建立其与利用 18 角度激光散射测量仪测量到的电压值 $V(\theta)$ 的关系式，为求未知折射系数的物质体散射函数 $\beta(\theta)$ 提供依据。油砂混合配比实验是为了寻找分离油和砂对混合水样后向散射贡献的算法。考虑到自然界许多物理量的变化是遵循指数或者对数变化规律，配比实验按指数或对数的变化规律进行，对于低浓度样本配比时增加密度，对于高浓度样本配比，样本要稀疏一些。

水砂配比采用的方法是取已知目数为 800 的纯石英砂加纯水进行配比，得到不同梯度的水样。油砂混合配比采用的方法是：分别取三个不同油田的含油污水，作为纯油水样，配比出不同浓度梯度的水砂混合样本。进一步将这些油样和水砂样本进行一对一的混合，得到油砂混合样本。

4.5 遥 感 数 据

4.5.1 ENVISAT/MERIS 数据

遥感探测水面油膜是基于其表面特性，而遥感探测未形成明显油膜的水体石油类污染是基于其对离水辐射的贡献，属于水色遥感的范畴。本书在 2.4.1 小节中已经详细给出了对国际水色传感器的要求。ENVISAT 上搭载的中分辨率成像光谱仪（medium resolution imaging spectrometer，MERIS）传感器是具有精细光谱分辨率的多光谱数据源之一，而且属于水色传感器，其技术参数如表 4-9 所示。从表 4-9 可见，MERIS 具有极高的信噪比，达 1700，其量化级数为 16，符合国际水色传感器的要求，为探测较弱的离水辐射提供了可行性。

表 4-9　ENVISAT/MERIS 技术参数

幅宽	空间分辨率	波长	光谱分辨率	量化级数	信噪比
1150km	300m	390～1040nm	2.5～30nm	16bit	1700

MERIS 传感器可对海洋水色、陆地和大气同时进行监测。MERIS 共有 15 个波段，其中 10 和 11 通道为氧气波段，14 和 15 通道为水汽和植被波段，其余为水色通道，具体参数如表 4-10 所示。

表 4-10　ENVISAT/MERIS 传感器主要波段

波段	波长范围/nm	中心波长/nm	波段宽度/nm	主要应用
1	407.5～417.5	412.5	10	黄色物质与碎屑
2	437.5～447.5	442.5	10	叶绿素吸收最大值
3	485～495	490	10	叶绿素等
4	505～515	510	10	悬浮泥沙、赤潮
5	555～565	560	10	叶绿素的吸收与荧光性
6	615～625	620	10	悬浮泥沙敏感波段
7	660～670	665	10	叶绿素的吸收与荧光性
8	677.5～685	681.25	7.5	叶绿素荧光峰
9	703.75～713.75	708.75	10	叶绿素荧光性与大气校正
10	750～757.5	753.75	7.5	氧气吸收和植被指数
11	758.75～762.5	760.625	3.75	氧气吸收
12	771.25～786.25	778.75	15	气溶胶（大气校正）
13	855～875	865	20	气溶胶（大气校正）
14	885～895	885	10	水汽、植被
15	895～905	900	10	水汽

4.5.2　HJ-1/CCD

为提高我国灾害与环境监测的水平，我国在"十一五"期间建成环境与灾害监测预报小卫星星座 HJ-1。该星座由 2 颗光学小卫星（HJ-1A/1B）和 1 颗合成孔径雷达小卫星（HJ-1C）构成。HJ-1A/1B 星于 2008 年 9 月 6 日上午 11 点 25 分成功发射，HJ-1A 星搭载了 CCD 相机和超光谱成像仪（HSI），HJ-1B 星搭载了 CCD 相机和红外相机（IRS）。在 HJ-1A 星和 HJ-1B 星上均装载的两台 CCD 相机设计原理完全相同，以星下点对称放置，平分视场、并行观测，联合完成对地幅宽度为 700km、地面像元分辨率为 30m、4 个谱段的推扫成像。HJ-1A 星和 HJ-1B 星搭载的宽覆盖多光谱可见光相机技术参数如表 4-11 所示。

表 4-11 宽覆盖多光谱可见光相机主要技术参数

项目		性能
幅宽/km		360（2 台组合不小于 700km）
星下点地面像元分辨率/m		30
谱段设置/μm	b1	0.43～0.52
	b2	0.52～0.60
	b3	0.63～0.69
	b4	0.76～0.90
信噪比（S/N）		≥48dB
增益控制		每个谱段设置 2 挡增益控制，各谱段分别可调
动态范围/[W/（m²·sr·μm）]	b1	316/197
	b2	334/195
	b3	246/145
	b4	246/163
中心像元配准精度		±0.3 像元
量化值/bit		8
定标精度		相对定标精度 5%，绝对定标精度 10%

4.5.3 Landsat 8/OLI

Landsat 8/OLI 波段设置如表 4-12 所示。从表 4-12 中可以看出，与 landsat 7/ETM+相比，Landsat 8/OLI 对波段重新进行了调整。调整之一是新增了两个波段：一个是深蓝色波段（b1：0.433～0.453μm），该波段主要针对近岸水体和大气中的气溶胶监测而设置；另外一个是短波红外波段（b9：1.360～1.390μm），该波段主要包含了水汽强吸收特征，可用于云检测。调整之二是将近红外波段由 0.76～0.9nm 调整为 0.845～0.885μm，排除了 0.825μm 处水汽吸收特征干扰。OLI 的辐射分辨率为 16bit，比 landsat 7/ETM+的 8bit 提高了 1 倍，增加了影像的灰度量化级，这样可避免反射率低的区域灰度值出现过饱和现象，有助于识别低反射率水体的细微特征。另外，Landsat 8/OLI 的传感器采用推进式扫描方式，使得各波段的信噪比比 landsat 7/ETM+提高了 3 倍，满足水色传感器的要求。

表 4-12　Landsat 8/OLI 波段设置

序号	波段/μm	空间分辨率/m
b1	0.433~0.453	30
b2	0.450~0.515	30
b3	0.525~0.600	30
b4	0.630~0.680	30
b5	0.845~0.885	30
b6	1.560~1.660	30
b7	2.100~2.300	30
b8	0.500~0.680	15
b9	1.360~1.390	30

2013 年 11 月 15 日在中国辽宁省盘锦市境内辽河油田和辽东湾海域过境的 Landsat 8/OLI 遥感图像如图 4-3 所示。从图 4-3 中可以非常清晰地看到辽东湾海水水色的层次、水体物质的变化、水流的方向等物理现象。为了进一步分析不同水体的灰阶（digital numbers，DN）特征，在图像上选择五个实验区域，编号为 1~5，对应两个污水处理厂水池、双台子河口、入海口和近海。五个实验区域对应的 Landsat 8/OLI 传感器波段 1~7 的灰阶（DN）变化图如图 4-4 所示（黄妙芬等，2015a）。

图 4-3　辽河油田和辽东湾遥感图像

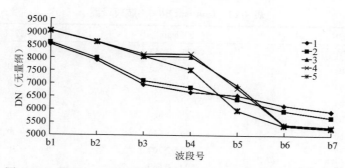

图 4-4 Landsat 8/OLI 图像上 5 个实验点 DN 值随波长的变化曲线

从图 4-4 可以看到，样本 5 是远离陆地的近海海水，从其对应的 7 个波段的 DN 值走势来看，随着波长的增加呈现递减趋势，表明海水相对比较清洁；样本 3 和样本 4 是双台子河河口，在近红外波段（b4）出现高值，这是悬浮泥沙的特征波长，表明水体受双台子河的影响，悬浮泥沙含量相对较高；样本 1 和样本 2 是污水处理厂水样，两个样本 DN 值的走势基本一致，随着波长增加，DN 值基本呈现递减的趋势，但递减的幅度远小于较清洁的海水，且其 DN 值在 b6 波段和 b7 波段明显高于无油水样的值。上述分析表明，Landsat 8/OLI 遥感数据源用于石油类污染水体特性的研究是完全可行的。

4.6 小　　结

本章主要对实验场地进行描述，详细介绍了数据测量所使用的仪器和采用的方法，以便更好地理解水体石油类物质遥感特性，在此基础上，对本书将使用到的陆地卫星数据做了简单的介绍。

第5章　石油类污染水体表观光学特性

5.1　油膜波谱特征

目前对油膜（漂浮油）的光谱特征的研究，可归类为两个方面：不同油品的波谱特征；同一油品不同厚度的波谱特征。研究表明：①不同油品的相同特征吸收峰在 736nm 和 774nm 处，原油的特征吸收带为 453～853nm 范围内，润滑油为 662nm 至近红外区域，柴油则为 627nm 至近红外区域；②不同油品的油膜厚度与反射率关系密切，轻油种（如煤油、润滑油等）的反射率首先随着油膜厚度的增大而增大，在反射率达到极大值后，其值随油膜厚度的增大而减小，重油种（如原油和重柴油）的反射率随油膜厚度的增大而减小；③在 1150～2500nm 短波红外谱段范围内，油膜的反射率随油膜厚度变化很小，但高于本底水体光谱反射率，此范围中有效遥感谱段具有探测有无薄油膜的能力；④在 400～1150nm 可见光-近红外谱段范围内，油膜光谱反射率明显低于本底水体，并随着表面油膜厚度的增加而逐步降低，油膜光谱反射率与油膜的厚度呈很强的幂函数负相关关系，以 550nm 和 645nm 为中心的绿光、红光波段的油膜光谱响应表现最优，可作为海面油膜多/高光谱遥感探测与评估的最佳选择波段（赵冬至等，2006；孙培艳等，2007）。

5.2　遥感反射率数据处理

利用 ASD 等光谱仪测定的含油水体光谱数据是本书进行水中油表观光学量研究的基础数据，因而其精度的高低将直接影响分析的结果。为了提高数据的精度，需要对计算离水辐亮度或者遥感反射比时所用到的水/气界面对天空光的反射率 γ 进行微调。γ 为经验值，其取值对于离水辐亮度的精度有较大的影响，目前仍有很大争议，值得更深入的研究。本书依据现场实验数据进行微调，微调的依据是将海洋光学测量规范推荐的 γ 经验取值（0.022～0.035），分别代入现场测定数据计算遥感反射率的公式中，如果计算得到的 750nm 和 865nm 的遥感反射率的比值等于或最接近 1.5449，则该系数的取值是最佳的。通过这种微调方式得到的水/气界面对天空光的反射率 γ 能提高离水辐亮度和遥感反射率的精度。

在水色遥感中，遥感反射比与吸收系数和后向散射系数的关系可用式（2-24）来表示。对于纯水，吸收系数 $a(\lambda)$ 是随着波长的增加而增大的，出现 $a(\lambda) \gg b_b(\lambda)$ 的情况，则式（2-24）表示为

$$R_{rs}(\lambda) \approx f \frac{b_b(\lambda)}{a(\lambda)} \qquad (5-1)$$

纯水在 750nm 吸收系数为 $2.848m^{-1}$，在 865nm 吸收系数为 $4.4m^{-1}$，分别代入式（5-1），可得到比值

$$\frac{R_{rs}(750)}{R_{rs}(865)} = \frac{a_w(865)}{a_w(750)} = 1.5449 \qquad (5-2)$$

经过对有石油类物质的实验数据进行微调，确定 γ 的取值主要为 0.022，在油污染浓度高的情况下，取值 0.028，这可能是由于油污染浓度高，从而导致水/气界面对天空光的反射率增大。

5.3　石油类污染水体段特征分析

关于水中石油类物质对水体表观光学特性的影响，国内外学者的关注点主要集中在油膜对水体表面光谱特征的影响，然而针对未形成油膜的水体石油类物质对水体表观光学特征影响的相关报导较少。本节主要通过利用实验区域获得的现场测定数据和配比实验数据，对水体中除漂浮油外的以其他形式存在的油类物质的表观光学特征进行分析。

由于在研究区域内，水体的主要组分主要包括石油类污染、悬浮物和叶绿素，而本书的研究目标是寻找石油类污染的遥感探测波段。在这种情况下，悬浮物和叶绿素对光谱曲线的影响成为一种噪声，所以首先要了解清楚自然水体的波谱特征，以及叶绿素和悬浮物对水体波谱曲线的影响，然后才能确定石油类污染的水体光谱特征。

5.3.1　自然水体波谱特征

自然水体的波谱反射率特征为在蓝绿光波段有较强反射，反射率可达 0.1（一般在 0.04～0.05），但是当水体中有黄色物质和藻类时，由于藻类色素及黄色物质在 400～500nm 范围具有强烈的吸收作用，会使水体在这个波段范围的反射率较低；在 600nm 以后可见光波段吸收很强，因而反射率开始下降，一般在 0.02～0.03；在 760nm 以后近红外波段吸收更强，反射率几乎为零，这一特性被利用来进行大洋水体的大气校正。

5.3.2　悬浮物水体波谱特征

根据先验知识，高悬浮泥沙含量的水体，其整体反射率高，尤其在红光和近红外波段，反射率更高，而且当悬浮泥沙含量增加时会出现"红移现象"（Ruhl et al.，2001；Lira et al.，1997；Forget and Ouillon，1998；Doxaran，2002；Froidefand et al.，2002）。在甘肃省庆阳市境内环江测量到的高悬浮物低石油类污染的水体波谱曲线如图 5-1 所示，对应曲线的水质分析数据如表 5-1 所示。图 5-1 中线条 4 为黄沙地物，随着波长的增加，其反射率明显增加，尤其在红光和近红外波段。其余三条曲线为高悬浮泥沙水体波谱曲线，其反射率具有明显的双峰特征，第一反射峰位于 550～670nm，第二反射峰位于 780～830nm。

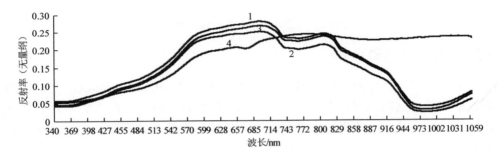

图 5-1　甘肃庆阳环江高悬浮物低石油类污染和 COD 水体波谱曲线

表 5-1　对应光谱曲线的水质分析数据

观测点	样本 1	样本 2	样本 3
悬浮物/（mg/L）	838	814	1200
石油类/（mg/L）	0.014	0.005	0.005
COD/（mg/L）	5	5	5

5.3.3　叶绿素水体波谱特征

大量的研究表明，叶绿素的波谱特征为：在 440～460nm 蓝光波段和 650～670nm 红光波段各有一个吸收峰，在 560～580nm 绿光波段附近有一反射峰（O'Reilly et al.，1998；毛志华等，2006；潘德炉等，1989；Richard et al.，2002）。如果水体中浮游植物浓度高的话，由于藻类细胞荧光作用，在 690～710nm 红光波段附近会出现荧光反射峰。在甘肃省庆阳市境内实测的水体中藻类植物光谱曲线如图 5-2 所示，该区域的水体藻类在 440～460nm 蓝光波段和 650～670nm 红光波段各有一个吸收峰，在 560～580nm 绿光波段附近有一反射峰，在近红外 700nm

处反射率上升，690～710nm 的荧光峰不明显（黄妙芬等，2007a）。

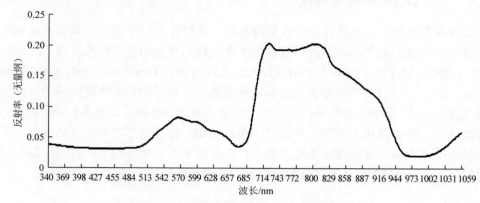

图 5-2 实测水体中藻类植物光谱曲线

5.3.4 石油类污染水体

在了解了水体中悬浮物和叶绿素的波谱特征后，可以依据实测的含油水体的波谱曲线，剔除悬浮物和叶绿素的波谱影响特性，确定石油类物质对水体波谱曲线的影响特征，找出特征波段，为利用遥感反演水体石油类含量的模式奠定基础。

1. 各河流水体波谱曲线

如图 5-3～图 5-8 所示，水体的波谱曲线由于水体光学组分的存在而变得错综复杂，有明显的波峰波谷，偏离了正常水体的波谱曲线。这些有石油类污染的波谱曲线有 3 个共同特点：①在 400～500nm 波段范围内，反射率低于自然水体；②在 624～630nm、650～680nm 和 740～760nm 波段范围内表现为吸收峰；③在 570～590nm、680～710nm 和 810～830nm 波段范围内表现为反射峰。

上述三个特点的①是由于藻类色素以及黄色物质在该波段的强烈吸收作用，使水体的反射率降低。在 570～590nm 出现的反射峰是由藻类光合色素的弱吸收和悬浮颗粒的散射共同作用形成的。在 624～630nm 处是蓝藻中含有的藻蓝素的弱吸收峰，但是在甘肃省庆阳市境内的三条河中，实际的水况和叶绿素的测定值都表明，叶绿素浓度极低，并且蓝藻在这些河流中所占浮游植物的比例也不高（平均 18.2%），能否导致这个弱吸收峰的出现有待进一步研究。

由图 5-6 和图 5-7 可见，甘肃省庆阳市环江悬浮泥沙含量比较高，悬浮泥沙对水体波谱曲线的影响很大，表现为：①致使水体的反射率比较高，在 0.01～0.26；②反射率波谱曲线具有双峰型，一个峰值在 580～700nm，另一个峰值在 780～830nm。特别值得注意的是，在悬浮物起决定作用的 580～700nm 的宽反射峰之间出现了明显的波动，即在 570～590nm 和 680～710nm 出现反射峰，在 650～680nm 出现吸收峰。图 5-5、图 5-6、图 5-7 在 570～590nm 和 680～710nm 也出现反射峰，在 650～680nm 出现吸收峰。叶绿素在 570～590nm 绿光波段有一个反射峰，在 650～680nm 红光波段有一个吸收峰。根据实地观察以及如表 5-3、表 5-6、表 5-7 所示的水体组分实测数据可知，本河段的叶绿素含量非常低，其含量不会造成这么大的吸收峰，可推断 650～680nm 的吸收峰是叶绿素和石油类污染共同所致。

从表 5-7 可以清楚地看到，第 4 和 5 观测点的悬浮泥沙含量较高，因而在图 5-8 上反映出其水体波谱曲线整体反射率较高，悬浮泥沙作用比较明显，但是在 740～760nm 和 810～830nm 同样出现了吸收峰和反射峰，显然 810～830nm 波峰同时受到悬浮泥沙和石油类污染的作用，而 740～760nm 波谷为石油类污染作用结果。除了第 4 和 5 观测点，其余各点在 550～570nm、680～710nm 和 800～830nm 有明显的反射峰，在 650～680nm 和 740～760nm 出现了吸收峰。从悬浮物浓度看，取值为 24～34mg/L，显然 800～830nm 波峰不是悬浮物作用结果，而是石油类污染所致，根据表 5-7 可见，大部分观测点叶绿素浓度比较高，因而可推断 650～680nm 波谷是叶绿素和石油类污染浓度共同作用结果，表明这些波峰和波谷与叶绿素和石油类污染密切相关，而 680～710nm 反射峰和 740～760nm 吸收峰为石油类污染所致。

另外，出现在 680～710nm 和 810～830nm 的反射峰，以及 740～760nm 的吸收峰与辽河油田曙采污水处理厂和锦采污水处理厂水体波谱曲线出现的波峰波谷值是一致的。从表 5-2～表 5-7 可见，这些河流各观测点石油类污染浓度都比较高，因此可以进一步确定，波峰和波谷是石油类污染导致的。

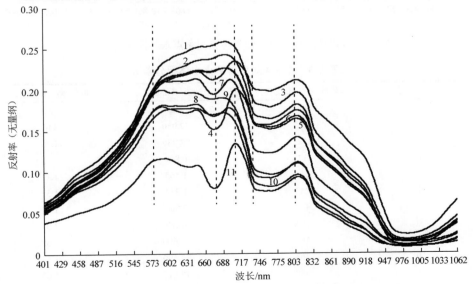

图 5-3　2006 年 4 月环江有石油类污染观测点水体波谱变化曲线

表 5-2 图 5-3 样本点对应的水体组分参数

观测点序号	悬浮物/（mg/L）	石油类污染/（mg/L）
1	720	27.190
2	708	1.540
3	396	24.550
4	384	0.125
5	594	0.848
6	580	1.165
7	162	1.214
8	154	8.046
9	197	12.460
10	192	44.470
11	174	1.630

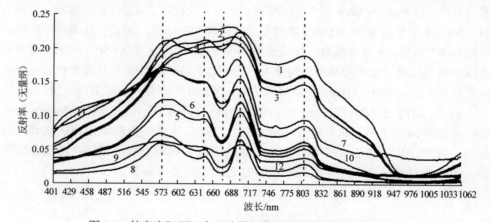

图 5-4 甘肃庆阳环江有石油类污染观测点水体波谱变化曲线

表 5-3 图 5-4 对应观测点水体组分参数

观测点序号	悬浮物/（mg/L）	石油类/（mg/L）	叶绿素/（mg/m³）
1	1092	17.150	2.03
2	1099	57.050	2.09
3	1127	33.230	1.99
4	1135	0.868	2.03
5	265	1.565	1.11
6	243	1.233	1.31
7	188	2.907	1.29
8	153	91.840	2.07
9	164	13.690	1.65
10	363	13.690	1.65
11	359	17.510	1.69
12	126	6.127	1.69

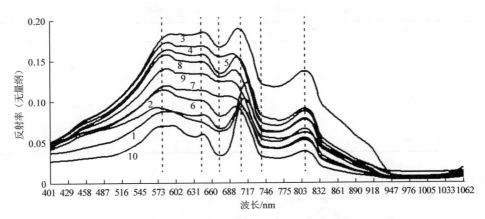

图 5-5　甘肃庆阳柔远河有石油类污染观测点水体波谱变化曲线

表 5-4　图 5-5 对应观测点水体组分参数

观测点序号	悬浮物/（mg/L）	石油类污染/（mg/L）
1	37	0.985
2	37	1.090
3	89	27.675
4	13	1.341
5	19	34.910
6	19	53.322
7	20	41.900
8	40	4.438
9	42	94.463
10	54	23.910

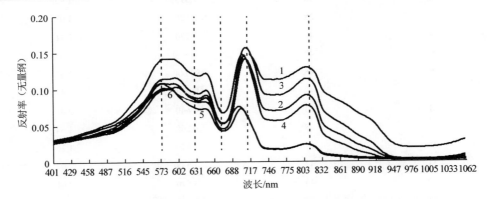

图 5-6　甘肃庆阳马莲河有石油类污染观测点水体波谱变化曲线

表 5-5　图 5-6 对应观测点水体组分参数

观测点序号	悬浮物/（mg/L）	石油类污染/（mg/L）
1	466	85.083
2	111	1.188
3	102	1.348
4	106	0.795
5	101	3.023
6	136	0.834

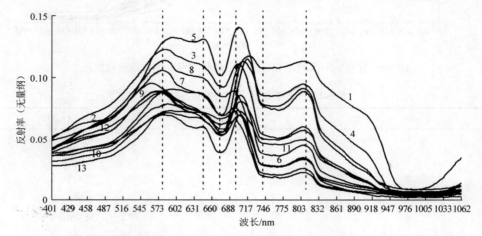

图 5-7　甘肃庆阳柔远河和马莲河有石油类污染观测点水体波谱变化曲线

表 5-6　图 5-7 对应观测点水体组分参数

观测点序号	悬浮物/（mg/L）	石油类污染/（mg/L）	叶绿素/（mg/m³）
1	27	0.738	1.84
2	36	7.575	1.45
3	28	8.126	1.07
4	40	7.730	1.41
5	42	44.970	1.05
6	45	80.600	2.65
7	47	11.970	1.45
8	63	0.640	2.41
9	65	0.260	1.64
10	61	2.670	1.26
11	42	4.538	2.07
12	43	3.870	2.61
13	468	2.552	0.69

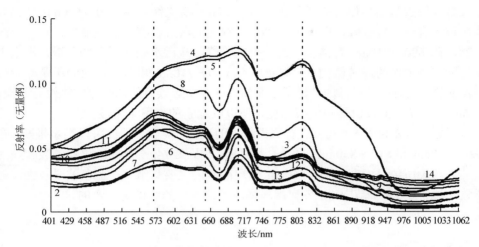

图5-8　2006年8月辽宁盘锦河流有石油类污染各观测点水体波谱变化曲线

表5-7　图5-8对应观测点水体组分参数

观测点序号	悬浮物/（mg/L）	石油类污染/（mg/L）	COD/（mg/L）	叶绿素/（mg/m³）
1	27	106.4400	91.77	93.96
2	24	6.6100	88.64	1.41
3	50	79.9900	54.91	70.68
4	106	0.1817	84.57	0.70
5	234	0.1334	60.86	7.62
6	43	1.1270	84.57	23.13
7	69	1.0870	57.70	39.73
8	91	1.7920	41.89	34.34
9	68	1.0012	82.99	24.07
10	68	1.1360	81.41	29.32
11	76	1.0400	81.41	20.52
12	51	1.8940	35.57	29.72
13	26	1.4960	81.41	25.39
14	65	1.0630	86.94	22.27

2. 污水处理厂水体波谱曲线

在辽河油田污水处理厂获取的污水波谱曲线如图5-9、图5-10所示，对应的水体组分测定数据如表5-8、表5-9所示，从表中可以看到，这些观测点的特点是石油类污染浓度特别高。

从图5-9和图5-10水体波谱曲线可见，在430~450nm，680~710nm和810~830nm出现了明显的反射峰，在740~760nm有一个吸收峰。从表5-8和表5-9可见，悬浮物浓度为10~90mg/L，悬浮物浓度不高，其作用也不强，显然在810~830nm出现的反射峰不是由悬浮物所致。叶绿素含量相对来说也不高，为0.36~5.13mg/m³，如果是叶绿素起明显作用的话,在 440~460nm 蓝光波段和 650~670nm 红光波段应该各有一个吸收峰,在 560~580nm 绿光波段应该有一个反射峰,对于浮游植物,在 690~710nm 可能会出现一个荧光峰。从污水处理厂现场分析,污水中不可能有高浓度的浮游植物,可以推断在 680~710nm 出现的反射峰不是浮游植物荧光峰。另外,从目前的波谱曲线来看,叶绿素应具有的两个吸收峰没有出现,在 560~580nm 的反射峰也没有出现,所以叶绿素的作用不明显。

根据表 5-8 和表 5-9 可知,石油类污染的浓度非常高,因此可以初步推断,在 680~710nm 和 810~830nm 出现的反射峰,以及在 740~760nm 出现的吸收峰为石油类污染所致。而在 430~450nm 出现的峰值主要是水体在蓝色波段较强反射所致,这与 5.3.4 小节中 "1.各河流水体波谱曲线" 的结论是一致的。

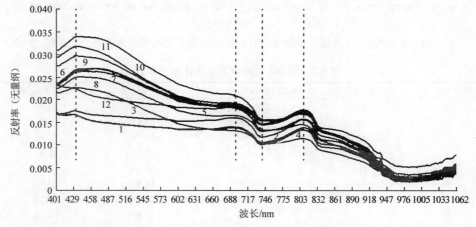

图 5-9   辽河油田曙采污水处理厂和锦采污水处理厂观测点水体波谱变化曲线

表 5-8   图 5-9 样本对应的水体组分参数

观测点序号	悬浮物/(mg/L)	石油类污染/(mg/L)	叶绿素/(mg/m³)
1	56	49.730	1.90
2	72	53.740	1.59
3	63	51.390	1.96
4	58	53.250	1.67
5	77	31.267	3.33
6	71	43.950	3.07
7	93	51.590	5.65
8	79	55.670	3.40
9	97	58.710	2.98
10	81	48.400	4.21
11	84	59.670	3.81
12	77	55.480	5.13

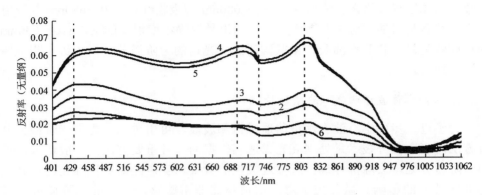

图 5-10　辽河油田曙采污水处理厂观测点水体波谱变化曲线

表 5-9　图 5-10 样本对应的水体组分参数水体组分参数

观测点序号	悬浮物/（mg/L）	石油类污染/（mg/L）	叶绿素/（mg/m³）
1	19	33.11	2.10
2	19	83.00	3.57
3	11	38.59	2.12
4	21	39.92	2.27
5	29	35.16	1.61
6	18	58.56	0.36

　　图 5-9 和图 5-10 中的污水处理厂实验数据提供了非常有用的信息,即在 740～760nm 出现的为水体石油类污染的吸收峰,在 680～710nm 和 810～830nm 出现的为水体石油类污染的反射峰,这一研究结论在甘肃庆阳的实验数据和辽宁盘锦的双台子河实验数据中都得到了很好的印证。通过综合分析图 5-3～图 5-8 及其对应的水体组分数据表 5-2～表 5-5 可见,以上所有河流水体曲线的共同特点表现为在 624～630nm、655～680nm 和 740～760nm 出现吸收峰,在 560～580nm 有一个弱反射峰,在 680～710nm 和 840～830nm 出现一个强反射峰。在 560～580nm 出现的反射峰是由藻类光合色素的弱吸收和悬浮颗粒的散射共同作用形成的;在 624～630nm 出现的是蓝藻中含有的藻蓝素的吸收峰。在红光和近红外波段（600～900nm）的反射光谱提供了浮游植物叶绿素吸收和荧光、纯水吸收、颗粒物散射、石油类污染吸收和散射等多种作用的结果。

　　总的来说,在 650～680nm 为窄吸收峰,在 740～760nm 为宽吸收峰。在 680～710nm 为窄散射或荧光峰,在 810～830nm 为宽散射峰。最终确定在红外和近红外波段:①680～710nm 的反射峰和 740～760nm 的吸收峰为石油类污染所致；②如果有叶绿素影响的话，650～680nm 的吸收峰和 650～680nm 的反射峰为叶绿素和石油类污染共同所致；③如果悬浮物浓度很高的话，810～830nm 的反射峰为悬浮物和石油类污染共同所致。光谱的一阶微分分析也进一步证明了这一结论。

3. 含油水体波谱曲线一阶微分特征

为了进一步确定石油类污染的遥感探测波段，可引进水体光谱一阶微分分析方法。光谱微分技术是处理高光谱遥感数据的一种重要方法。一般认为，可用一阶微分处理去除部分线性或接近线性的背景、噪声光谱对目标光谱（必须为非线性）的影响。微分技术对光谱信噪比非常敏感，光谱的低阶微分处理对噪声影响敏感性较低，因而在实际应用中较有效。因为 FieldSpecHandHeld 光谱仪采集的是离散型数据，因此光谱数据的一阶微分可以用以下公式近似计算，即

$$R'(\lambda_i) = \frac{R(\lambda_{i+1}) - R(\lambda_{i-1})}{\lambda_{i+1} - \lambda_{i-1}} \qquad (5\text{-}3)$$

式中，λ_{i-1}、λ_i、λ_{i+1} 为相邻波长；$R(\lambda_{i+1})$、$R(\lambda_{i-1})$ 分别为波长 λ_{i-1}、λ_{i+1} 对应的光谱反射率；$R'(\lambda_i)$ 为波长 λ_i 的一阶微分反射光谱。为了减小来自仪器及环境的随机噪声，对得到的一阶微分光谱进行 3 点平滑过滤处理，结果如图 5-11～图 5-17 所示。

一阶微分光谱反映的是反射光谱的斜率。由图 5-11～图 5-17 可见，在 650nm、680nm、730nm、820nm 附近各采样点反射光谱的斜率差别很大。这些一阶导数值与石油类污染相关系数分析表明，相关系数在 0.5～0.7。进一步说明这些波段的变化受到石油类污染的影响。

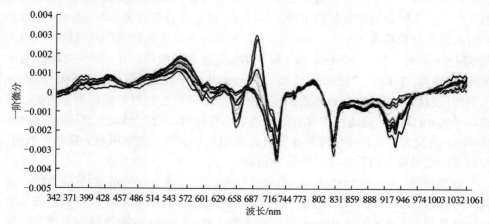

图 5-11　2006 年 4 月环江有石油类污染水体光谱反射率一阶微分

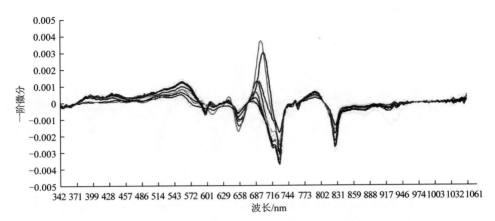

图 5-12　2006 年 4 月柔远河有石油类污染水体光谱反射率一阶微分

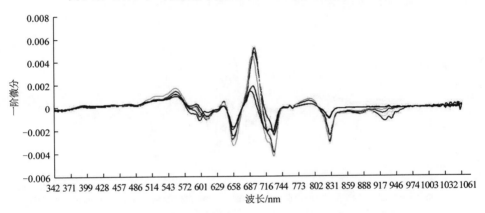

图 5-13　2006 年 4 月马莲河有石油类污染水体光谱反射率一阶微分

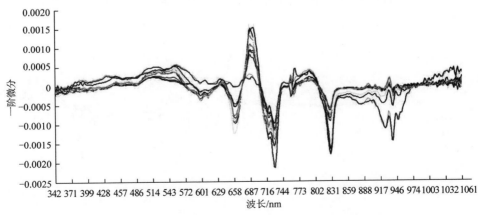

图 5-14　2006 年 8 月辽河河段有石油类污染水体光谱反射率一阶微分

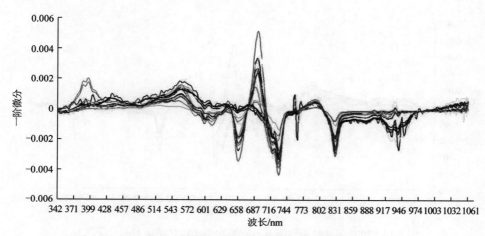

图 5-15 2006 年 10 月环江有石油类污染水体光谱反射率一阶微分

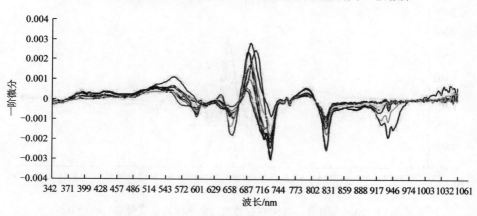

图 5-16 2006 年 10 月柔远河和马莲河有石油类污染水体光谱反射率一阶微分

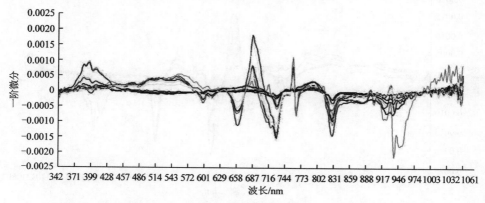

图 5-17 2006 年 10 月辽河河流段有石油类污染水体光谱反射率一阶微分

5.4　石油类污染水体归一化遥感反射比

5.4.1　归一化方法

为了进一步从遥感反射比中区分出含油水样和无油水样的光谱特征，对原始遥感反射比进行归一化处理。归一化方法有两种形式，一种是把数变为（0，1）范围的小数，一种是把有量纲表达式变为无量纲表达式。本书同时采用这两种形式，即用每个波长处的遥感反射比除以所研究波长范围的所有遥感反射比的总和，这样将原始光谱范围变为（0，1）范围，同时通过比值，把有量纲表达式的遥感反射比（单位为 sr^{-1}）变为无量纲表达式。进行归一化处理的表达式表示为

$$R'_{rs} = \frac{R_{rs,i}}{\sum_{i=1}^{m} R_{rs,i}} \tag{5-4}$$

式中，R'_{rs} 为归一化后的遥感反射率（无量纲）；$R_{rs,i}$ 为第 i 波段对应的遥感反射比 (sr^{-1})。在实际处理中，对于现场实测的遥感反射比数据，测量的波长范围为 350～900nm，样本数 m 取值为 551；对于模拟的和过境的 Landsat 8/OLI 遥感反射率数据，样本数 m 取值为 5。

5.4.2　现场光谱数据归一化特征分析

2009 年 8 月 7 日配比实验中获取的现场测量数据如图 5-18 所示。图 5-18（a）为原始遥感反射比光谱，其中 S0 是自然河水样本，S1 是全污染水样本，S2、S3、S4、S5 分别是按级数变化规则逐渐稀释污水浓度的配比样本，即 S0 几乎不含石油类污染，S1 是石油类污染浓度最高的样本，S2、S3、S4、S5 的石油类污染浓度逐渐降低，其浓度值如表 5-10 所示。图 5-18（b）是利用式（5-4）对图 5-18（a）数据进行归一化处理后的遥感反射比光谱。

分析图 5-18（a）可以看出，样本的原始光谱没有规律可循，含油水样和无油水样的光谱特征区别并不十分明显。从图 5-18（b）可以看到，数据归一化后，含油污水与无油污水的光谱曲线的差别以及不同石油类污染浓度样本的光谱特征变化非常明显。由表 5-10 可以看到，S1 样本的石油类污染浓度是最高的，为 11.14mg/L，归一化后其值在近红外波段直接抬升跃为第一；S2 样本的石油类污染浓度为 5.10mg/L，位居第二，归一化后其值在近红外波段由图 5-18（a）的第三跃为图 5-18（b）的第二。整体分析图 5-18（a）和（b）可得到以下三点结论：①含油水样和无油水样在蓝色波段的归一化遥感反射比差别不大；②含油水样在绿色和红色波段的归一化遥感反射比明显低于无油水样；③含油水样（S1～S6）的归

一化遥感反射比在近红外波段随着石油类污染浓度的增加而增加，呈现出较好的线性关系，无油水样（S0）的归一化遥感反射比下降非常快。

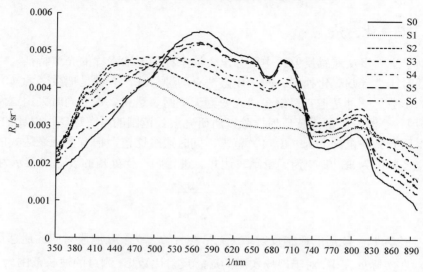

（a）原始遥感反射比光谱

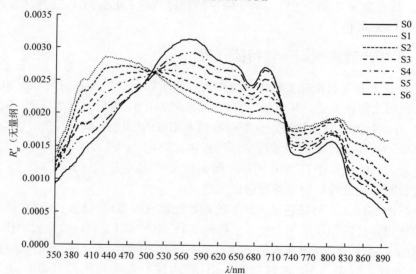

（b）归一化遥感反射比光谱

图 5-18　现场测量数据

表 5-10　图 5-18 对应样本的石油类污染浓度值　（单位：mg/L）

S0	S1	S2	S3	S4	S5	S6
0	11.14	5.10	4.25	1.88	1.20	0.68

为了实现用配比实验测定的水体光谱数据来模拟 Landsat 8/OLI 对应波段的遥感反射比的目的，首先需要利用 Landsat 8/OLI 波段 1～5 的波段响应函数，模拟各波段对应的遥感反射比。ASD 测定数据光谱分辨率是 3.5nm，光谱采样间隔为 1.4nm，属于窄波段，而 Landsat 8/OLI 的 5 个波段的波段宽度在 20～70nm，因而要利用 ASD 测量的光谱数据模拟 Landsat 8/OLI 对应波段的光谱，需进行波段转换，转换公式为

$$Y = \frac{\sum_{i=1}^{n} R_{\mathrm{rs},i} w_i}{\sum_{i=1}^{n} w_i} \tag{5-5}$$

式中，Y 为模拟 Landsat 8/OLI 相应波段对应的遥感反射比 (sr^{-1})；n 取决于波段 b1～b5 的光谱分辨率；$R_{\mathrm{rs},i}$ 为利用 ASD 测定的遥感反射比数据 (sr^{-1})；w_i 为 Landsat 8/OLI 相应波段对应的光谱响应函数（无量纲）。根据式（5-5），可实测光谱重采样，得到 Landsat 8/OLI 传感器模拟的遥感反射比。

Landsat 8/OLI 波段 1～5 光谱模拟遥感反射比归一化分析如图 5-19 所示。图 5-19（a）是针对图 5-18 现场测量样本的光谱数据，利用 Landsat 8/OLI 的波段 b1～b5 光谱响应函数，根据式（5-5）模拟出波段 b1～b5 对应的遥感反射比，图 5-19（b）是对图 5-19（a）所示数据按照式（5-4）进行归一化处理的结果。相比图 5-18（b），图 5-19（b）更加清晰地展现了上述三点结论。

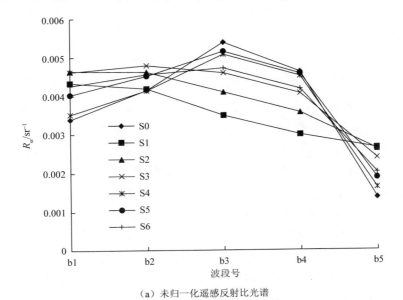

（a）未归一化遥感反射比光谱

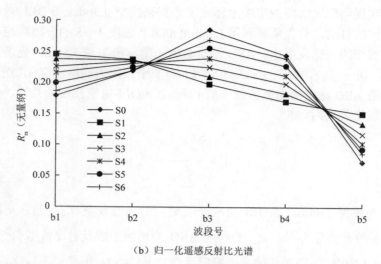

（b）归一化遥感反射比光谱

图 5-19　Landsat 8/OLI 波段 b1～b5 光谱模拟遥感反射比归一化特征分析

5.4.3　Landsat 8/OLI 对应光谱数据归一化特征分析

1. Landsat 8/OLI 遥感数据处理

Landsat 8/OLI 遥感数据产品中的灰度值（DN 值），是传感器所接收到的在星光谱辐亮度量化的结果，并不直接反映地物光谱特性，因而首先需要将 DN 值重新转换为有物理意义的在星光谱辐亮度 L_λ。根据 Landsat 8 操作手册，转换公式为（徐涵秋和唐菲，2013）

$$L_\lambda = \mathrm{M\_L} \cdot \mathrm{Qcal} + \mathrm{A\_L} \tag{5-6}$$

式中，L_λ 为在星光谱辐亮度 $\left[\mathrm{W}/\left(\mathrm{m^2 \cdot sr \cdot \mu m}\right) \right]$；$\mathrm{M\_L}$ 为各波段的增益量 $\left[\mathrm{W}/\left(\mathrm{m^2 \cdot sr \cdot \mu m}\right) \right]$；$\mathrm{A\_L}$ 为各波段的偏移量 $\left[\mathrm{W}/\left(\mathrm{m^2 \cdot sr \cdot \mu m}\right) \right]$；$\mathrm{Qcal}$ 为 Landsat 8/OLI 遥感数据产品中的灰度值（DN 值，无量纲）。$\mathrm{M\_L}$ 和 $\mathrm{A\_L}$ 可从相应的遥感数据产品的元数据文件中获取。需要说明的是，对于不同地点不同时段获取的 Landsat 8/OLI 遥感图像而言，$\mathrm{M\_L}$ 和 $\mathrm{A\_L}$ 的取值是不相同的。

根据海洋遥感信息采集原理，当不考虑大气粒子多次散射效应，并忽略海面泡沫或"白帽"辐射、海表面镜面反射、来自水体底部的反射辐射时，Landsat 8/OLI 卫星 CCD 传感器接收的在星光谱辐亮度 L_λ 可由下式表示，即

$$L_\lambda = L_r(\lambda) + L_a(\lambda) + t_0(\lambda, \theta_0) L_w(\lambda) \tag{5-7}$$

式中，L_λ 为波长（μm）；$L_r(\lambda)$ 为空气分子瑞利散射的辐亮度 $\left[\mathrm{W}/\left(\mathrm{m^2 \cdot sr \cdot \mu m}\right) \right]$；$L_a(\lambda)$ 为大气气溶胶米氏散射的辐亮度 $\left[\mathrm{W}/\left(\mathrm{m^2 \cdot sr \cdot \mu m}\right) \right]$；$L_w(\lambda)$ 为离水辐亮度

$\left[\mathrm{W}/\left(\mathrm{m}^2 \cdot \mathrm{sr} \cdot \mu\mathrm{m}\right)\right]$；$t_0\left(\lambda, \theta_0\right)$ 为太阳方向的大气漫射透射率（无量纲），θ_0 是太阳天顶角。

根据 ENVI 软件提供的 FLAASH 大气校正模块，结合 Landsat 8/OLI 波段 b9 数据进行大气校正，可得到 $L_\mathrm{r}(\lambda)$、$L_\mathrm{a}(\lambda)$ 和 $t_0\left(\lambda, \theta_0\right)$。将式（5-6）计算得到的 L_λ 和这些大气参数代入式（5-7），就可得到经过大气校正后的离水辐亮度 $L_\mathrm{w}(\lambda)$。

前面已经介绍过，在海洋遥感中，更多使用的是遥感反射率，因而根据式（2-24）可计算出 Landsat 8/OLI 传感器过境时的遥感反射比。

2. Landsat 8/OLI 遥感反射比归一化特征分析

以辽宁省盘锦市境内的辽河油田为研究区域，利用 2013 年 9 月～2014 年 4 月过境的 10 景 Landsat 8/OLI 图像，在图像上分别选择四个污水处理厂（SC、TC、HC、JC）、河流、水库和辽东湾共 9 个样本点，作为含油和无油水体样本。然后对上述数据，以 Landsat 8/OLI 对应的波段 b1～b5 的遥感反射比按式（5-4）进行归一化处理。2013 年 10 月 30 日和 2014 年 4 月 8 日 Landsat 8/OLI 图像对应的归一化遥感反射比如图 5-20 所示。

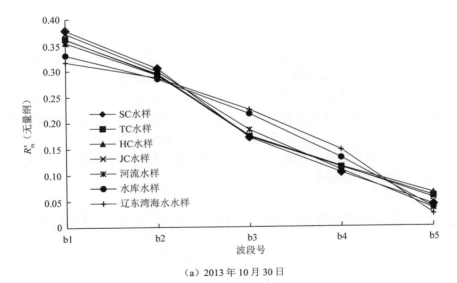

（a）2013 年 10 月 30 日

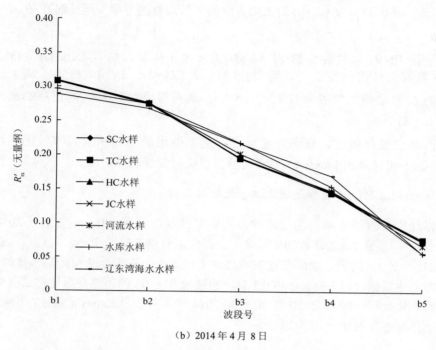

（b）2014 年 4 月 8 日

图 5-20　Landsat 8/OLI 图像对应的归一化遥感反射比

分析图 5-20 可看出，在深蓝（b1）和蓝色（b2）波段，四个污水处理厂（SC、TC、HC、JC）水样、水库水样、河流水样和辽东湾海水水样的归一化遥感反射比差别不大，在绿光波段（b3），四个污水处理厂水样的归一化遥感反射比明显小于水库水样、河流水样和海水水样对应的值；在红色波段（b4），自然水体（水库、河流和海）水样的归一化遥感反射比皆高于污水处理厂水样；在近红外波段（b5），污水处理厂水样对应的归一化遥感反射比上升，而自然水体水样对应值呈现下降。这些结论与 5.4.2 小节相同。

5.5　基于 ENVISAT/MERIS 光谱模拟的水体石油类污染可探测性分析

如前所述，搭载在欧空局对地观测卫星 ENVISAT 上的中等分辨率成像频谱仪（medium resolution imaging spectrometer instrument，MERIS）设置 15 个水色通道，波段设置为 390～1040nm，带宽 3.75～20nm，数据量化级为 16bit，是目前最好的海洋水色监测传感器之一。

根据 5.3 节的讨论可见，石油类污染的敏感波段是比较窄的，宽波段的遥感数据源可能会降低反演精度，因而最理想的油含量遥感提取建立是依据高光谱数据。另外，水体石油类污染测定属于水色遥感范畴，水色传感器与陆地资源或气象传感器相比，对信噪比（SNR）要求更高，MERIS 具有极高的信噪比，达 1700，从信噪比和量化级数等技术指标来看，利用这种数据源来探测较弱的离水辐射是可行的（Huang et al.，2009）。

5.5.1　ENVISAT/MERIS 光谱数据模拟

由于 ASD 测定数据光谱分辨率是 3.5nm，光谱采样间隔为 1.4nm，属于窄波段，由表 4-10 可见，MERIS 15 个波段的波段宽度在 3.75～20nm，因而要利用 ASD 测量的光谱数据模拟 MERIS 对应波段的光谱，需进行波段转换。转换公式可采用式（5-5），只是将式中的 w_i 改为 MERIS 相应波段对应的光谱响应函数，由欧空局提供；$R_{rs,i}$ 依然利用 ASD 测定的离水辐亮度或遥感反射率数据；Y 为模拟 MERIS 相应波段对应的离水辐亮度或遥感反射率数据。

5.5.2　模拟 ENVISAT/MERIS 水体石油类污染可探测波段

通过将模拟的 MERIS 对应波段离水辐亮度和遥感反射率与水体各组分要素浓度（石油类污染、色素、COD 和无机悬浮物）进行相关性研究，相关系数如图 5-21 和图 5-22 所示。分析图 5-21 和图 5-22 可得出如下的结论，第一，石油类污染浓度与离水辐亮度和遥感反射率的相关系数为负值，说明石油类污染浓度与离水辐亮度和遥感反射率呈反比关系。通过对石油类污染吸收系数分析可知，石油类污染浓度与吸收系数成正比，浓度越高，吸收系数越大。吸收系数增大必然导致可后向散射的总辐射量减少，因而石油类污染浓度与离水辐亮度和遥感反射率呈反比。无机悬浮物浓度与离水辐亮度和遥感反射率呈正比关系，离水辐射主要是来自水体无机物的后向散射，因而水体无机悬浮物浓度越高，离水辐亮度和遥感反射率就越大。在本研究区域，色素浓度和 COD 与离水辐亮度和遥感反射率的相关性不大，说明针对 MERIS 的 15 个波段，在本次采样中，主要的影响因子是石油类污染和无机悬浮物。第二，石油类污染浓度与离水辐亮度和遥感反射率相关性最大的 3 波段依次为 560nm、710nm、620nm，这表明可用于石油类污染探测的波段主要是 560nm、710nm 和 620nm。

进一步分析波段比与石油类污染浓度的相关性，结果表明与石油类污染浓度相关性大的波段比依次为 413/550、443/490、443/550、490/510，相关系数都在 0.65 以上，这说明也可用波段比作为可探测波段。

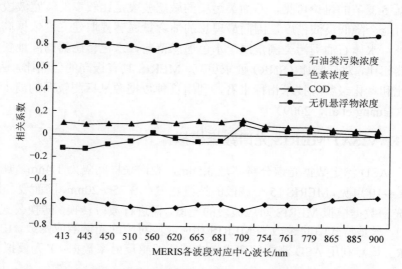

图 5-21 MERIS 对应波段离水辐亮度与水体各组分要素浓度相关系数

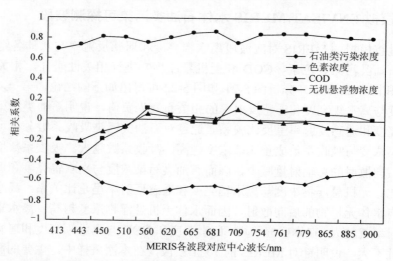

图 5-22 MERIS 对应波段遥感反射率与水体各组分要素浓度相关系数

5.5.3 基于 ENVISAT/MERIS 水体石油类污染对遥感离水辐射的贡献程度

如前所述，遥感传感器接收到的总辐射中有 90% 是大气辐射，10% 是离水辐射，而要从这 10% 的离水辐射中确定来自水体石油类物质的贡献，属于弱信息提取。那么水体中石油类污染浓度达到多大，传感器才能将其探测出来呢？

这个界限值的研究对于本书充分利用遥感技术来实现对水体石油类物质监测非常关键。

可通过对配比实验数据进行分析来回答这个问题，根据配比实验数据绘制的离水辐亮度随石油类污染浓度变化而变化的曲线如图 5-23 所示。对应的水质分析数据如表 5-11 所示。

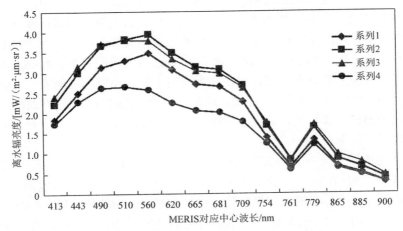

图 5-23　离水辐亮度随石油类污染浓度变化而变化的曲线

表 5-11　图 5-23 曲线对应的水质分析数据

类别	系列 1	系列 2	系列 3	系列 4
石油类污染浓度/（mg/L）	0.312	1.21	1.927	4.089
色素浓度/（mg/m³）	13.446 25	14.767 35	13.898 68	13.980 12
无机悬浮物浓度/（g/m³）	24.666 67	26.666 67	26	26

由表 5-11 数据可知，色素浓度和无机悬浮物浓度相差不大，主要的差异在石油类污染浓度上，在配比实验中，用的是从污水处理厂的兼性池中得到的污水，将其排到自然河水中，表面没有油花，充分接近自然状态，因而测量的离水辐射比较真实的反映了水体中石油类污染浓度的状况。由图 5-23 可知，当石油类污染浓度增加的时候，由于吸收系数增加，这种吸收作用与黄色物质融合在一起，也是呈 e 指数衰减的形式。吸收作用增加，必然导致后项可散射的辐射量减少，因而离水辐射也必然减少。故表现出来的是，随着被测水中石油类污染增加，被测水体离水辐亮度减少。经过实验数据分析，一般石油类污染浓度达到 1.5mg/L，离水辐亮度就开始有明显的改变，总体减少。

5.6　石油类污染水体中红外波段吸收特性的分析

5.6.1　中红外波段遥感探测石油类污染水体机理分析

　　为了拓展遥感技术在石油类污染监测和油气资源探测中的应用，需要对石油类污染在各波段传感器的探测机理进行研究。目前油气资源遥感勘探方法及油膜监测，还只是局限在可见光-近红外、热红外以及微波波段，对于中红外波段（3～6μm）还较少涉及。在中红外波段，除了 3.24μm 有水汽吸收带，4.3μm 有 CO_2 吸收带外，其余波段皆处于大气窗口，这为利用中红外波段探测地表信息提供了可行性。另外，油膜的发射率为 0.972，略低于海水（0.993），因而有油膜的海面在遥感影像中出现低温特征，这也为应用的中红外波段和热红外波段对海上油污进行探测提供了依据。

　　利用物质的分子对红外辐射的吸收，得到与分子结构相应的红外光谱图，用来鉴别分子结构的方法，称为红外吸收的光谱法。产生红外吸收的条件包括：①分子振动时必须伴随瞬时偶极矩的变化；②照射分子的红外辐射频率与分子某种振动频率相同。分子振动的类型包括伸缩震动和弯曲振动两种，伸缩振动指化学键两端的原子沿化学键轴方向做来回周期运动，又可分为对称与非对称伸缩振动。弯曲振动指化学键的键角发生周期性变化的振动，包括剪式振动、平面摇摆、非平面摇摆以及扭曲振动。2.5～7.69μm 是基团伸缩振动出现的区域，对鉴定基团很有价值。

　　石油类污染中烷烃、烯烃、环烷烃和芳香烃伸缩振动的峰值位置都是比较明确的，烷烃的基团—CH_3 对称与不对称的伸缩振动分别出现在 3.484μm（波数 2870cm^{-1}）和 3.378μm（波数 2960cm^{-1}），环烷烃的—CH_2—，对称与不对称的伸缩振动分别出现在 3.418μm（波数 2925cm^{-1}）和 3.508μm 的（波数 2850cm^{-1}），芳香烃＝C—H 键伸缩振动出现在 3100～3000cm^{-1}。由此可见，从石油类污染自身的特性来看，中红外波段更有助于石油类污染的探测。

　　从遥感机理来看，中红外波段既有对太阳辐射的反射能量，也有地物自身发射的辐射能量，但两者大小是不同的，地面接收到的太阳光谱辐射通量密度和大地发射的辐射通亮密度之比约为 10∶1，太阳辐射到地面的能量远远高于地面发射的能量，可见卫星传感器接收到的遥感信息也是以地物对太阳辐射的反射为主，因而研究石油类污染在中红外波段的吸收特征还是很有意义的（黄妙芬等，2009c）。

5.6.2　数据测量方法

　　吸光度（absorbance）指光线通过溶液或某一物质前的入射光强度与该光线通

过溶液或物质后的透射光强度比值的对数，表示物质对光的吸收程度。影响吸光度的因素有溶剂、浓度、温度等。当一束光通过一个吸光物质（通常为溶液）时，溶质吸收了光能，光的强度减弱。吸光度就是用来衡量光被吸收程度的一个物理量。

单色光通过物质层（厚度 b）时，其强度由 I_0 变为 I，根据朗伯定律，有（吴国祯，2001）

$$I = I_0 e^{-ab} \tag{5-8}$$

式中，a 为吸收系数 $[L/(g \cdot cm)]$，是由物质和波长而定的常数。

根据朗伯-比尔（Lamber-Beer）定律，吸光度、透过率和吸收系数的关系式为

$$A = -\lg T = abc \tag{5-9}$$

式中，A 为吸光度（无量纲）；T 为透过率（无量纲）；b 为液层厚度（通常为比色皿的厚度），单位 cm，在实际测量中，对于石油类污染浓度大的采用 1cm 的比色皿，对于浓度小的采用 5cm 的比色皿；c 为溶液浓度，单位 g/L。

利用仪器测定的透过率，代入式（5-9），可分别计算出吸光度和吸收系数。利用 4.2.6 小节中描述的红外分光光度计，先测定石油类污染的浓度，然后对同一个样本测定其透过率。测量时，红外分光光度计参比池中放的是四氯化碳，四氯化碳的透过率为 100%。样本池中放的是不同石油类污染浓度的水体样本，测定石油类污染物的透过率。选用双光束分光光度计，并选光学性质相同、厚度相等的吸收池分别盛待测溶液和参比溶液，可消除吸收池对入射光的吸收、反射以及溶剂、试剂等对入射光的吸收、散射等。

5.6.3 石油类污染中红外波段吸收光谱曲线特性分析

三种类型水体在 3.3～3.7μm（对应波数为 2700～3000cm⁻¹）范围的吸光度图如图 5-24～图 5-26 和表 5-12～表 5-14 所示。从图中可以看出，不同石油污染浓度的水体，其吸光度曲线总体特征是：①在 3.355～3.375μm 出现一个急剧升高的陡坡；②在 3.375～3.395μm 出现一个平缓的过渡带，吸光度几乎是平直的；③在 3.401～3.430μm 出现一个强吸收带；④在 3.430～3.445μm 出现一个急速下降的陡坡；⑤在 3.455～3.465μm 出现一个吸收谷；⑥在 3.475～3.515μm 出现一个次强吸收带；⑦强吸收峰的半波宽为 15nm，次吸收峰的半波宽为 10nm。在 3.3～3.7μm 的范围内有两个吸收峰，较强的吸收峰最大值约在 3.412μm（2925cm⁻¹）处，次强的吸收峰的最大值约在 3.502 μm（2850cm⁻¹）处，前者正好对应烷烃不对称伸缩振动的最强处，后者正好对应环烷烃不对称伸缩振动的最强处。另外，从图中还可以看出：烷烃的吸收峰强于环烷烃的吸收峰；随着污染浓度的增加，吸收峰强度增强。

为了进一步研究石油类污染中红外波段的吸收特性，引进水体光谱一阶微分分析方法。光谱微分技术是处理高光谱遥感数据的一种重要方法。一般认为，可

用一阶微分去除部分线性或接近线性的背景、噪声光谱对目标光谱（必须为非线性）的影响。微分技术对光谱信噪比非常敏感，研究表明，光谱的低阶微分处理对噪声影响敏感性较低，因而在实际应用中较有效。由于实验测定的吸光度数据是离散型的，因此光谱数据的一阶微分可以用式（5-3）近似计算，结果如图 5-27～图 5-29 所示。

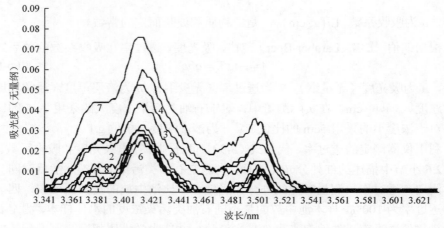

图 5-24　石油类污染浓度小于 0.5mg/L 水体中红外波段吸收光谱

表 5-12　图 5-24 样本对应的石油类污染浓度值

样本序号	1	2	3	4	5	6	7	8	9
石油污染浓度值/（mg/L）	0.1	0.14	0.24	0.31	0.34	0.36	0.38	0.47	0.49

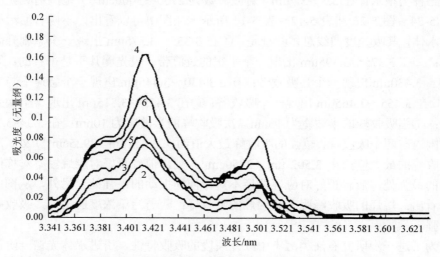

图 5-25　石油类污染浓度为 0.5～1.0mg/L 水体中红外波段吸收光谱

表 5-13   图 5-25 样本对应的石油类污染浓度值

样本序号	1	2	3	4	5	6
石油污染浓度值/（mg/L）	0.58	0.6	0.66	0.73	0.82	0.99

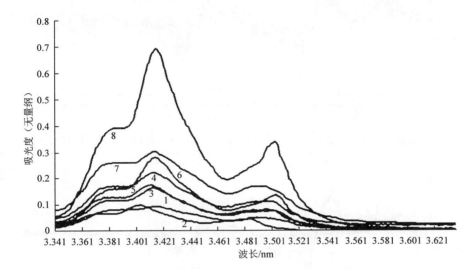

图 5-26   石油类污染浓度大于 1.0mg/L 水体中红外波段吸收光谱

表 5-14   图 5-26 样本对应的石油类污染浓度值

样本序号	1	2	3	4	5	6	7	8
石油污染浓度值/（mg/L）	1.37	1.39	1.93	2.10	4.09	4.10	4.89	8.63

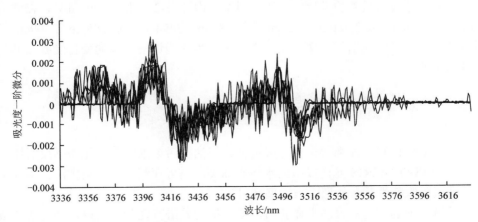

图 5-27   石油类污染浓度小于 0.5mg/L 水体中红外波段吸光度一阶微分

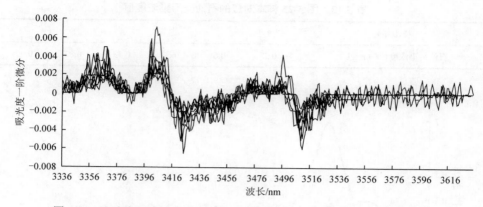

图 5-28　石油类污染浓度为 0.5~1.0mg/L 水体中红外波段吸光度一阶微分

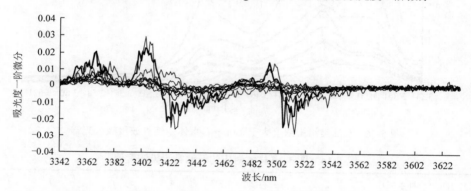

图 5-29　石油类污染浓度大于 1.0mg/L 水体中红外波段吸光度一阶微分

　　一阶微分光谱反映的是反射光谱的斜率。由图 5-27~图 5-29 可见，在波数 2.93μm（3404cm^{-1}）、2.92μm（3423cm^{-1}）、2.86μm（3494cm^{-1}）、2.85μm（3509cm^{-1}）附近各采样点吸收光谱的斜率差别最大，进一步说明这些波段的变化受到石油类污染的影响。

5.7　小　　结

　　本章主要针对石油类污染水体段特征、石油类污染水体归一化遥感反射比、基于 ENVISAT/MERIS 光谱模拟的水体石油类污染可探测性、石油类污染水体中红外波段吸收特性的分析四个方面展开讨论。

　　通过对现场测定的含油水体和污水场水体的光谱特征分析，以及利用实验数据对 MERIS 探测水体石油类污染的敏感波段，以及石油类污染浓度对基于 MERIS 波段模拟的离水辐亮度的贡献进行分析，确定可探测石油类污染浓度的敏感波段。

在对配比实验现场测定的遥感反射比、模拟的 Landsat 8/OLI 传感器 b1~b5 波段遥感反射比、在油污水池过境的 Landsat 8/OLI 遥感反射比三类数据进行归一化处理的基础上，揭示归一化后含油水体与无油水体的遥感反射比特征。

对中红外波段遥感特性分析表明：①在 3.3~3.7μm（对应波数 2700~3000cm⁻¹）范围内，吸收光谱曲线的变化是有两个吸收峰，而且有规律，随着浓度增加吸收增强，把遥感的中红外波段设置在 2700~3000cm⁻¹ 的范围内，可以用来检测石油类污染的浓度，以及波段设置的宽度；②在 3.0~3.3μm（2400~2700cm⁻¹）和 3.7~4.1μm（3000~3300cm⁻¹）范围内吸收几乎为零，说明油品主要是烷烃和环烷烃，没有烯烃和芳香烃，如果能把中红外波段设置在这个范围内，利用遥感技术识别水体石油类污染的成分类型是可行的。但利用中红外波段遥感监测水体石油类污染，存在的主要问题是同时存在太阳辐射和地物辐射，其遥感机理完全不同，增加了信息处理的难度。

第6章　水体石油类污染吸收特性分析及参数化

6.1　石油类污染水体吸收特性分析

水体吸收系数的分析是水体光学辐射传输方程研究的基础，获取各水色因子的吸收系数和后向散射系数等固有光学特性并参数化，是生物-光学遥感反演模型建立的关键。根据油物质在水体存在的特点（主要是以不同粒径大小存在的漂浮油、分散油、乳化油和分解油等），其吸收和后向散射对水色遥感探测的离水辐射必然有贡献，因而要确定其贡献部分，较好的方法之一是研究其吸收系数和后向散射系数。对其他水色因子的吸收系数和后向散射系数的研究已经比较成熟，并形成了众多的参数化模型（Pope and Fry，1997；Smith and Baker，1981；Gallegos and Neale，2002；Gallie and Murtha，1992；愈宏等，2003；宋庆君和唐军武，2006；周虹丽等，2005；汪小勇等，2004；黄妙芬等，2010b）。虽然目前对水体中石油类污染的吸收和后向散射系数的研究在国内尚属空白，在国外对其的研究也正处于初始阶段（Otremba and Król，2002），但是已有的水色因子固有光学特性的测定技术为水体石油类污染固有光学特性的测定奠定了基础。本节主要利用实验数据，对石油类污染水体吸收特性展开分析。

数据的获取采用两种方式，即水槽配比实验和现场采集水样。配比过程采用"模拟水体污染"和"模拟水体自净"两种，详细的配比方式参见"4.4 配比实验方法"。现场水样采集方式参见"4.1 实验场地描述"。所有采集的水样都被分成两部分，一部分直接注入样品瓶，并将样品瓶保存在液氮中带回到实验室进行过滤，做黄色物质吸收系数测量使用；另一部分直接转移到干净的容器中，进行过滤处理，制作颗粒物样品，做颗粒物吸收系数测量使用。吸收系数的测定方式及测量过程参见"4.2.2 分光光度计与吸收系数的测量"。

6.1.1　水色三要素的吸收特性

在水色遥感领域，水色三要素指的是有色可溶性有机物（colored dissolved organic matter，CDOM）、叶绿素和悬浮颗粒物。CDOM和叶绿素主要影响水体的吸收系数，而悬浮颗粒物主要影响水体的后向散射系数。在海水中最具特色、并以一定方式影响着海洋水色的浮游植物中的叶绿素，从根本上反映了海洋生产力的变化，同时是可见光的良好吸收体，对自然水体的吸收特性起着决定性作用。有色可溶性有机物质是以溶解有机碳为主体成分且分子结构复杂的一大类物质的统称，是水色遥感可探测到光学特性的三大成分之一，也是重要的水质参数之一，在全球碳循环中扮演着重要的角色。CDOM 能有效地吸收紫外辐射从而保护水生生物，同时其吸收系数与溶解有机碳（DOC）浓度和海水盐度都有密切的关系，在河口及近岸海域，CDOM 的来源除了叶绿素的碎屑物，还包括陆源有机污染物，故其浓度可作为海水污染程度的"指示剂"（黄妙芬等，2015b）。

如前所述，石油类污染物主要以漂浮油、分散油、乳化油和分解油等形式存在于水体中，影响着水体的表观和固有光学特性。本小节主要利用在辽宁省盘锦市辽河油田境内双台子河和绕阳河所测定的水色三要素吸收系数以及对应的水体组分数据对水色三要素的吸收特性进行分析。

在研究区内选取 2 个具有代表性的水样观测点，绘制其各自的三要素吸收光谱曲线图，如图 6-1 所示，对应观测点三要素以及石油类污染浓度值如表 6-1 所示。需要说明的是，由于 CDOM 成分的复杂性，直接测量其浓度有一定困难，一般用某一特征波段 λ_0 的吸收系数 $a_g(\lambda_0)$ 来表示其浓度，在水色遥感领域，λ_0 一般取 440nm，故表6-1 中有色可溶性有机物质 CDOM 浓度以其在 440nm 处的吸收 $a_g(440)$ 表示 (m^{-1})。

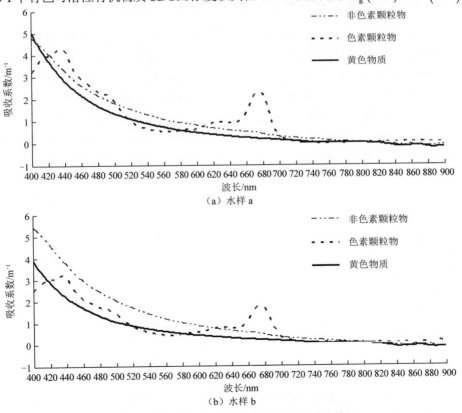

图 6-1 实验区自然水体三要素吸收光谱曲线

表 6-1 水样 a 和水样 b 对应的水体组分浓度值

水体组分项目	a	b
色素颗粒物浓度/（g/m³）	68.679 02	74.832 08
非色素颗粒物浓度/（mg/m³）	18	10.666 67
黄色物质/m⁻¹	2.820 446	2.167 398
石油类污染浓度/（mg/L）	0.38	0.66

通过分析图 6-1，对研究区域三要素吸收系数的总体特征，可得出如下结论：
①在 400~800nm 范围内，水体的吸收特性受色素颗粒物、非色素颗粒物和黄色物质三者共同作用；②非色素颗粒物和黄色物质的吸收系数皆遵循 e 指数衰减规律；③水体色素颗粒物吸收光谱在 440nm 和 675nm 都有以叶绿素为主的典型的色素吸收峰，在 490nm 处有类胡萝卜素的吸收峰。这些特征，与我国其他学者针对黄海、东海近海区域、太湖和青海湖等 II 类水体区域的研究所得出的水体吸收系数分布趋势基本一致。

6.1.2 石油类污染对可溶性有机物 CDOM 吸收特性的影响

在石油类污染水体中，漂浮油主要以油膜形式存在，分解油和分散油主要以 CDOM 的形式存在，而乳化油主要以颗粒物的形式附着在水体的悬浮颗粒物上。因而根据石油类污染在水中存在的特性可知，在有石油类污染的水体中，石油类污染的影响主要体现在 CDOM 吸收系数上。为此利用水槽进行配比实验，研究在不同石油类污染浓度下 CDOM 吸收系数所呈现的光谱变化特征。

在配比实验中，污水取自研究区域的污水处理厂，然后对同一水体（以保证水体其他组分值一致）进行配比，其中一组配比实验获取的 4 个样本如图 6-2 所示。

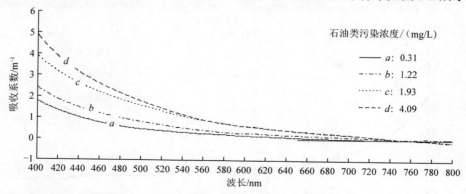

图 6-2 同一水体不同石油类污染浓度 CDOM 吸收光谱

分析图 6-2 所示的 CDOM 吸收光谱曲线，可得出如下结论：①随着石油类污染浓度的增加（从曲线 a 到曲线 d，石油类污染浓度由 0.31mg/L 增加到 4.09mg/L），

CDOM 吸收系数的值随着增大，这说明在有石油类污染的水体，CDOM 吸收系数的测定受石油类污染光学特性的影响；②在有石油类污染存在的水体中，随着石油类污染浓度的增大，CDOM 吸收光谱形状不变，依然遵循指数衰减规律，但光谱斜率明显改变。关于指数函数斜率的变化程度在后面部分单独进行讨论。

为了进一步证实石油类污染浓度对 CDOM 吸收系数的影响，对不同水体不同观测点 CDOM 吸收系数进行分析。考虑到所使用的红外测油仪检测限为 0.2mg/L，当低于检测限时，说明基本无石油类污染，此时按检测限的 1/2 来记录，把石油类污染浓度小于等于 0.1mg/L 的归为无石油类污染的水体，把大于 0.1mg/L 的归为有石油类污染的水体。取自不同水体的无石油类污染水体的黄色物质吸收系数如图 6-3 所示，对应的水体组分浓度如表 6-2 所示。

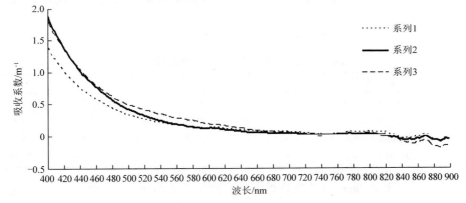

图 6-3　无石油类污染水体 CDOM 吸收系数

表 6-2　图 6-3 观测点对应的水体组分浓度值

水体组分项目	系列 1	系列 2	系列 3
石油类污染浓度/（mg/L）	0.1	0.1	0.1
非色素悬浮物浓度/（g/m³）	48.00	101.33	34.67
叶绿素 a 浓度/（mg/m³）	12.17	58.84	13.45
CDOM 浓度/m⁻¹	0.74	1.01	1.02

表 6-2 中 CDOM 浓度以 440nm 处的吸收系数 $a_g(440)$ 表示，对于系列 1~系列 3，分别取值为 0.74、1.01 和 1.02m⁻¹，石油类污染浓度在 0.1mg/L 以下。由图 6-3 和表 6-2 可见，无石油类污染水体的 CDOM 浓度差别不大。

取自有石油类污染的不同水体 CDOM 吸收系数如图 6-4 所示，对应的水体组分浓度如表 6-3 所示。根据表 6-3 和图 6-4 可得到与图 6-2 相同的结论，即随着石油类污染浓度的增加（从曲线 a 到曲线 e，石油类污染浓度由 0.6mg/L 增加到 125.3mg/L），CDOM 吸收系数的值随之增大，而且随着石油类污染浓度的增加，

CDOM 吸收光谱的形状不变，依然遵循指数衰减规律，但光谱斜率有明显改变。

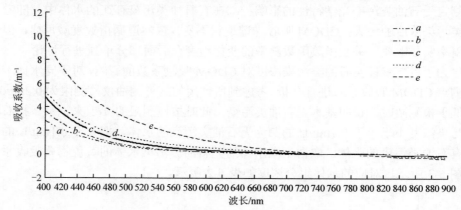

图 6-4　有石油类污染水体 CDOM 吸收系数

表 6-3　图 6-4 观测点对应的水体组分浓度值

水体组分项目	a	b	c	d	e
石油类污染浓度/（mg/L）	0.60	0.82	1.39	2.10	125.30
非色素悬浮物浓度/（g/m³）	174.67	56.00	49.33	21.33	26.67
叶绿素 a 浓度/（mg/m³）	40.04	38.25	121.75	72.12	191.56
CDOM 浓度/m⁻¹	1.54	1.87	2.55	2.96	5.71

　　进一步利用 440nm 处黄色物质吸收系数作为 CDOM 的浓度，计算其与石油类污染浓度相关系数，结果为 0.8263（37 个样本），这也表明所测定的黄色物质吸收系数与石油类污染的浓度密切相关。

6.1.3　石油类污染对色素吸收特性的影响

　　存在于水中的石油类污染，会以乳化油的形式附着于悬浮颗粒物，因此在总颗粒物的吸收系数测定中实际包含了非色素颗粒物、色素和石油类污染三者的吸收系数。由于石油类污染极易溶解于苯、四氯化碳、氯仿、石油醚、醇等有机溶剂，因此在测量非色素颗粒物时，用甲醇去除色素会将石油类污染带走，这使得测量的非色素颗粒物吸收系数不受石油类污染的影响。同时因为色素吸收系数是由测定的总颗粒物吸收系数减去非色素颗粒物的吸收系数确定的，因此这种用差值法确定的色素吸收系数的方法包含石油类污染的影响。

　　色素吸收系数光谱特征是在 440nm 和 675nm 有以叶绿素为主的典型色素吸收峰，在 490nm 处有类胡萝卜素的吸收峰。由前面的分析可知，石油类污染吸收系数呈 e 指数衰减，那么从理论上说，如果色素吸收系数中存在石油类污染的话，在同样的叶绿素浓度下，这三个峰值应该叠加了石油类污染的吸收系数，即这三个峰值在有石油类污染的情况下会存在一个增量，特别是在蓝光波段，其吸收明显增强，会导致 440nm 峰值的增量更为明显。

色素吸收系数随叶绿素浓度增大的变化曲线如图 6-5 所示。对应的水体组分浓度值如表 6-4 所示。从表 6-4 可知，从曲线 a 到曲线 d，叶绿素浓度是逐渐降低的，那么在图 6-4 中表现出来的 440nm、490nm 和 675nm 处的吸收峰，应该是曲线 $a>b>c>d$，但是曲线 c 和曲线 d，没有遵循这个规律，而是曲线 $d>c$。由表 6-4 可知，曲线 d 石油类污染浓度为 1.39mg/L，比曲线 c 的值 0.66mg/L 大了近 1 倍，由此可推断这个规律的改变是由石油类污染引起，这也进一步证明石油类污染的吸收系数呈现 e 指数衰减。

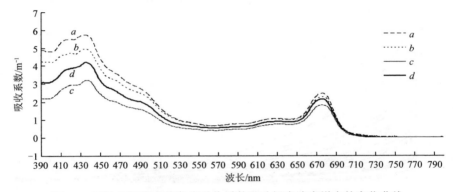

图 6-5 石油类污染水体色素吸收系数随叶绿素浓度增大的变化曲线

表 6-4 图 6-5 观测点对应的水体组分浓度值

水体组分项目	a	b	c	d
石油类污染浓度/（mg/L）	2.1	0.93	0.66	1.39
非色素悬浮物浓度/（g/m³）	49.333 34	45.333 33	26	21.333 34
叶绿素 a 浓度/（mg/m³）	121.749 17	109.307 31	99.082 38	72.117 49

在有石油类污染的水体中，由于石油类污染的影响，会增加色素的吸收系数测定值，以及增强吸收峰，相当于"高估"了色素的吸收系数，因此要获取色素吸收系数的真值，必须考虑去除石油类污染的影响。由于石油类污染吸收系数也遵循 e 指数衰减，只要能把石油类物质吸收系数的方程求出来，就有可能从色素吸收系数中定量的去除石油类污染的影响。

6.1.4 石油类污染的吸收特性波谱曲线

根据"6.1.2 石油类污染对可溶性有机物 CDOM 吸收特性的影响"的讨论可知，水体中存在石油类污染的话，不会改变 CDOM 吸收光谱的形状，但会改变吸收系数的值，这说明：①石油类污染的吸收光谱也随着波长的变化呈现 e 指数衰减；②如果能找到一种较好的方法，从所测定黄色物质的吸收光谱中，将石油类污染的影响分离出来，就可以定量地表示石油类污染的吸收光谱特性。

把实验中获取的石油类污染浓度小于等于 0.1mg/L 的所有样本作为无石油类污染水体，对其黄色物质吸收系数求算术平均值，作为本底数据，然后将每一个石油类污染大于 0.1mg/L 的水样的黄色物质吸收系数减去本底值作为石油类污染物的吸收系数，即采用差值法确定水体中石油类污染物的吸收系数，如图 6-6 所示。由图可见，石油类污染的吸收系数也遵循 e 指数衰减规律。

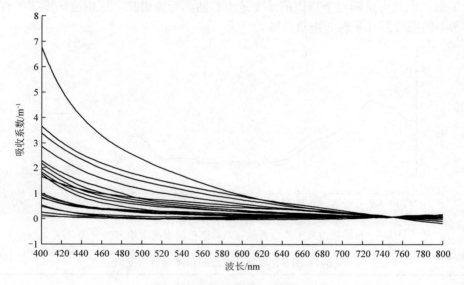

图 6-6　石油类污染吸收系数

6.2　石油类污染的吸收特性参数化模型

6.2.1　水色要素吸收特性参数化模型

1. 叶绿素

已有的研究表明，叶绿素的吸收系数 $a_c(\lambda)$ 随着总叶绿素浓度不同，chl-a、chl-b 与 chl-c 相对比例的不同，不同浮游生物组分和光照条件的不同有一定的差别。但总的规律满足（Bricaud et al.，1995；Fischer and Fell，1999）：

$$a_c(\lambda)=0.06a'_c(\lambda)C^{0.602} \tag{6-1}$$

式中，$a_c(\lambda)$ 为叶绿素的吸收系数 (m^{-1})；$a'_c(\lambda)$ 为归一化单位吸收系数；C 为叶

绿素的浓度 $(\mathrm{mg/m^3})$。对于式（6-1），关键问题是归一化单位吸收系数 $a_c'(\lambda)$ 的测算。

一般可采用 $a_c^*(440) = 0.05\mathrm{m^{-1}}\big/\big(\mathrm{mg/m^3}\big)$，再采用文献（Prieur and Sathyendranath，1981）中的 $a_c'(\lambda)$ 数值即可得到 $a_c^*(\lambda) = a_c'(\lambda) \cdot a_c^*(440)$。但实际上 $a_c^*(440)$ 随水体的变化很大。对于叶绿素单位吸收系数的变化及其参数化，Bricaud 等利用 815 个监测点的数据给出了最新的结果。其结果表明，叶绿素的单位吸收系数 $a_c^*(\lambda)$ 随叶绿素的浓度变化而变化，叶绿素浓度增加，$a_c^*(\lambda)$ 随之减小。随叶绿素浓度的不同，单位吸收系数有一个数量级的差别，如在 440nm 处，chl-a 的浓度为 $0.02 \sim 20\mathrm{mg/m^3}$，单位吸收系数为 $0.148 \sim 0.0149\,\mathrm{m^2/mg}$。利用 815 个监测点数据得到的结果为

$$a_c^*(\lambda) = A(\lambda) C^{-B(\lambda)} \tag{6-2}$$

式中，$A(\lambda)$、$B(\lambda)$ 是随波段变化的系数；C 含义同前。该公式及其系数的适用范围是 C 为 $0.02 \sim 25\,\mathrm{mg/m^3}$。

2. 可溶性有机物 CDOM

一般定义 CDOM 浓度为 $C_g = a_g(440)$，研究表明，CDOM 的吸收满足式（1-1）所表述的指数规律，表示为（Bricaud et al.，1981）

$$a_g(\lambda) = a_g(\lambda_0)\exp\big[-S_g(\lambda - \lambda_0)\big] \tag{6-3}$$

式中，S_g 为指数光谱斜率参数，与波长 λ 及黄色物质浓度（以 $a_g(440\mathrm{nm})$ 表示）无关，代表了光谱行为（光谱曲线的形状），S_g 随水体的不同在 $0.011 \sim 0.018$ 范围内变化，通常取 $S_g = 0.014$；$a_g(\lambda_0)$ 为参考波段 λ_0 的吸收系数，在水色遥感中一般取 $\lambda_0 = 400\mathrm{nm}$。

根据单位吸收系数的定义，有

$$a_g^*(\lambda) = \frac{a_g(\lambda)}{C_g} = \frac{a_g(\lambda)}{a_g(440)} \tag{6-4}$$

式中，$a_g^*(\lambda)$ 为单位吸收系数。将式（6-3）变形代入式（6-4）得到

$$a_g^*(\lambda) = \exp\big[-S(\lambda - 440)\big] \tag{6-5}$$

将 $\lambda = 400\mathrm{nm}$ 代入式（6-5），得到 $a_g^*(400) = \mathrm{e}^0 = 1$，根据归一化单位吸收系数的定义，有

$$a_g'(\lambda) = \frac{a_g^*(\lambda)}{a_g^*(400)} = a_g^*(\lambda)$$

因而得到

$$a_g^*(\lambda) = a_g'(\lambda) \tag{6-6}$$

采用研究文献（Bricaud et al.，1995）中给出的归一化单位吸收系数 $a_g'(\lambda)$ 即可求出黄色物质的单位吸收系数。

6.2.2　石油类污染的吸收系数参数化

根据"6.1.4 石油类污染的吸收特性波谱曲线"可知，石油类污染的吸收系数也遵循 e 指数衰减规律，因而可以借鉴 CDOM 吸收系数的参数化模型来实现对石油类污染吸收系数参数化。把式（6-3）应用于石油类污染可以得到其吸收系数 e 指数衰减方程，即水体石油类污染吸收系数参数化模型，如下所示（黄妙芬等，2010b）：

$$a_{oil}(\lambda) = a_{oil}(\lambda_0) \exp\left[-S_{oil}(\lambda - \lambda_0)\right] \tag{6-7}$$

式中，$a_{oil}(\lambda)$ 为石油类污染的吸收系数 (m^{-1})；S_{oil} 为指数光谱斜率参数，代表了光谱行为（光谱曲线的形状）。由式（6-7）可知，要获取水体石油类污染在不同波段的吸收系数，关键是对 $a_{oil}(\lambda_0)$ 和光谱斜率 S_{oil} 的确定。

6.2.3　CDOM、石油类污染和非色素颗粒物指数函数斜率分析

由前面的分析可知，CDOM、石油类污染和非色素颗粒物的吸收系数都遵循 e 指数衰减方程，这增加了将黄色物质、石油类污染和非色素颗粒物的吸收系数区分开来的难度，但如果这三者的光谱斜率在数量级上差别较大的话，就有可能利用优化的方法将其区分开来。

考虑到以下因素：①光谱斜率 S 为所研究物质的吸收系数随波长增加而递减的参数；②光谱斜率 S 与浓度无关，但与组成及波段的选择有关；③对光谱斜率 S 值的影响主要有两方面，一是拟合的波段选择，二是物质的组成和分子大小。为此，取参考波长 $\lambda_0 = 440nm$，在 $400\sim600nm$ 波段上分别计算三者的光谱斜率 S。利用图 6-6 的 18 个样本，计算得到石油类污染吸收系数光谱斜率的经验值 S_{oil}，S_{oil} 最小值为 $0.023nm^{-1}$，最大值为 $0.089nm^{-1}$；利用非石油类水体 8 个样本，计算得到本研究区域黄色物质的 e 指数方程的光谱斜率 S 为 $0.016\sim0.023nm^{-1}$，利用河流的 26 个样本，计算得到非色素颗粒物的 e 指数方程的光谱斜率 S 为 $0.001\sim0.07nm^{-1}$。根据已有的研究，一般情况下，大洋清洁水体黄色物质的光谱斜率 S 为 $0.014\sim0.019nm^{-1}$，青海湖黄色物质和非色素颗粒物的光谱斜率 S 分别为 $0.016\sim0.024nm^{-1}$ 和 $0.07\sim0.46nm^{-1}$，青海湖非色素颗粒物光谱斜率平均值为 $0.028nm^{-1}$，太湖梅梁湾 S 值的变化范围为 $0.014\sim0.018nm^{-1}$，显然，本研究区域水体中黄色物质的光谱斜率与大洋清洁水体、青海湖和太湖

梅梁湾相近，非色素颗粒物光谱斜率的平均值大于青海湖，但是范围最大值小于青海湖。

6.3　特征波段吸收系数 $a_{oil}(440)$ 的遥感反演方法

根据前面的讨论，石油类污染对水体吸收系数的影响主要通过 CDOM 体现，CDOM、石油类污染都遵循 e 指数衰减方程，特征波段吸收系数和光谱斜率是两个重要的参数，一旦这两个参数确定，就可以分别计算出石油类污染和 CDOM 的吸收光谱曲线，从而实现将两者分离开来（黄妙芬等，2012）。在本节主要讨论利用水体表观光学量反演石油类污染和 CDOM 相应特征波段吸收系数的算法。

6.3.1　CDOM　$a_g(440)$ 遥感反演算法

前面已经提到，在水体 CDOM 的研究中，一般用 $a_g(\lambda_0)$ 来代表 CDOM 的浓度值，本书主要研究 $a_g(440)$ 遥感模式。关于 λ_0 的取值视不同的研究领域而定。根据式（6-3），CDOM 的吸收光谱随着波长的增加呈指数衰减趋势，换句话说，CDOM 吸收光谱在紫外和蓝光波段呈现高值。因而在开阔的大洋水域，考虑信噪比和自然水体中 CDOM 对紫外光的衰减，λ_0 一般取 350nm；对于淡水，λ_0 一般取 380nm、375nm 和 280nm；对于近岸海域，由于短波处的大气校正有很大的误差，CDOM 算法不能选择短波波段，同时考虑到 CDOM 和浮游植物色素在蓝光处吸收重叠的原因，λ_0 一般取 440nm。考虑到一般的中等空间分辨率陆地遥感数据均设有蓝光探测波段（430～490nm），且不同波长之间的吸收系数可互相转换，因此 λ_0 采用 440nm 具有一定的普适性。

目前提取 CDOM 浓度的模式主要有两大类，一类是基于水体表观光学量，即利用单波段、双波段或者多波段遥感反射比的组合，建立提取 CDOM 浓度的模式，也称为光谱指数法；另外一类是基于水体固有光学量，利用叶绿素含量及其吸收系数，建立提取 CDOM 浓度的模式（Zhu et al.，2011；马荣华和唐军武，2006；Zhang，2006；Zhang et al.，2009）。如果希望业务化运行，利用表观光学量直接提取 $a_g(440)$ 是有效的方法之一，间接提取的模式相对烦琐一些，也可避开烦琐的固有光学量测量过程。

下面主要讨论以辽东湾和珠江入海口为研究区域，针对 HJ-1/CCD 建立的 CDOM　$a_g(440)$ 遥感反演算法。

Bowers 等针对河口区域提出利用 670nm 和 490nm 反射率的比值估算 CDOM 440nm 处的吸收系数的遥感模式，即

$$a_g(440) = 1.45 \times \frac{R(670)}{R(490)} - 0.488 \qquad (6\text{-}8)$$

式中，$a_g(440)$ 为波长 440m 的 CDOM 吸收系数 (m^{-1})；$R(670)$、$R(490)$ 分别为波长 670nm 和 490nm 处的遥感反射比。

考虑到 HJ-1/CCD 波段设置范围包括 670nm（b3）和 490nm（b1），双台子河也位于河口，故以 Bowers 模式为基础，利用现场实验数据，结合 HJ-1/CCD 的波段响应函数，模拟出利用非水色卫星 HJ-1/CCD 两个宽波段（b1：430~490nm 和 b3：630~690nm）反演水体 CDOM 的遥感模式（Huang et al., 2014b；Xing et al., 2011），即

$$a_g(440) = 2.47 \times \frac{R_3}{R_1} - 0.27 \qquad (6\text{-}9)$$

式中，$a_g(440)$ 含义同前；R_1、R_3 分别为 HJ-1/CCD 的 b1 和 b3 波段对应的遥感反射比 (sr^{-1})。

利用珠江口和其入海口南部海域进行的两个航次，得到现场测量的 33 个光谱样本数据，利用其中 22 个实验样本，结合 HJ-1/CCD 的波段响应函数，模拟出利用非水色卫星 HJ-1/CCD 两个宽波段（b1：430~490nm 和 b3：630~690nm）反演水体 CDOM 的遥感指数模式，即

$$a_g(440) = 0.1086 \exp\left[0.9289 \times \left(\frac{R_3}{R_1}\right)\right] \quad \left(R^2 = 0.82\right) \qquad (6\text{-}10)$$

式中，$a_g(440)$ 含义同前；R_1、R_3 分别为 HJ-1/CCD 的 b1 和 b3 波段对应的遥感反射比 (sr^{-1})。

6.3.2　石油类污染 $a_{oil}(\lambda_0)$ 反演算法

$a_{oil}(\lambda_0)$ 是已建立的石油类污染水体吸收系数参数化模型的一个重要参数，研究光学传感器在石油类污染水体中可探测的基本物理量（遥感反射比或离水辐亮度）的特征，寻找影响石油类污染水体吸收系数的敏感波长或参数，建立利用遥感反射比反演水体石油类污染在参考波长（例如 $\lambda_0 = 440$nm）吸收系数 $a_{oil}(\lambda_0)$ 的模式，确保水体石油类污染吸收系数参数化模型可正演闭合。

6.4　石油类污染水体吸收系数分离算法

建立海水石油类污染吸收系数遥感化提取算法，是提高海水石油类污染含量遥感反演精度的有效手段之一。遥感反射比是水色遥感能直接获取的基本物

理量，利用其直接提取海水石油类污染吸收系数具有潜在的优势。根据式（3-1）及式（2-27）可知，含油水体的总吸收系数 $a(\lambda)$ 是由纯水吸收系数 $a_w(\lambda)$、浮游植物吸收系数 $a_{ph}(\lambda)$、有色碎屑物吸收系数 $a_{d/g}(\lambda)$ 和石油类污染吸收系数 $a_{oil}(\lambda)$ 构成组成，其中有色碎屑物吸收系数 $a_{d/g}(\lambda)$ 由非色素颗粒物（nonalgal particle，NAP）的吸收系数 $a_d(\lambda)$ 和有色可溶性有机物质 CDOM 吸收系数 $a_g(\lambda)$ 构成。现有利用遥感反射比反演水体吸收系数的算法中，对于含油水体而言，反演得到的 $a_{d/g}(\lambda)$ 应由 $a_d(\lambda)$、$a_g(\lambda)$ 和 $a_{oil}(\lambda)$ 三者混合构成[记为 $a_{d/g/oil}(\lambda)$]，因而要利用遥感反射比提取海水石油类污染吸收系数 $a_{oil}(\lambda)$，面临的首要问题是如何从 $a_{d/g/oil}(\lambda)$ 中将 $a_{oil}(\lambda)$ 分离出来。

早期的水色遥感研究主要是针对无油污染的 I 类水体（大洋清洁水体），人们主要关心的是浮游植物浓度的提取，即着重关心的是 $a_{ph}(\lambda)$，而 $a_d(\lambda)$ 和 $a_g(\lambda)$ 显得并不重要，只是作为一种副产品处理。另外在 I 类大洋水体，CDOM 和 NAP 与浮游植物浓度有较高的关联度，且 NAP 的量值非常小，只占 9%，可忽略不计，因而在利用遥感反射比反演的水体组分吸收系数大部分算法中，往往把 $a_d(\lambda)$ 和 $a_g(\lambda)$ 合在一起，记为主要 $a_{d/g}(\lambda)$。在 1.2 节提到，目前遥感化提取 $a_{d/g}(\lambda)$ 得到较广泛应用的算法之一是 Lee 等提出的 QAA（quasi-analytical algorithm）半分析算法。根据 Lee 等的 QAA 算法，对于大洋海水，所输出的有色碎屑物的吸收系数 $a_{d/g}(\lambda)$，是由 $a_g(\lambda)$ 和 $a_d(\lambda)$ 构成。本书前面的研究表明，石油类污染对水体吸收系数的影响主要通过 $a_g(\lambda)$ 来体现，也就是说，$a_{oil}(\lambda)$ 与 $a_g(\lambda)$ 是混合在一起的。因此对于石油类污染水体，利用 QAA 算法得到的 $a_{d/g}$ 实际上是由 $a_d(\lambda)$、$a_g(\lambda)$ 和 $a_{oil}(\lambda)$ 三者构成，在此记为 $a_{d/g/oil}$。目前 $a_{d/g/oil}$ 已经实现了遥感化提取，只要能将 $a_{oil}(\lambda)$ 从 $a_{d/g/oil}$ 中分离出来，就可以实现 $a_{oil}(\lambda)$ 的遥感化提取。

6.4.1　$a_{d/g/oil}(\lambda)$ 遥感化提取算法

QAA 算法利用遥感反射比作为基本输入参数来提取吸收系数和后向散射系数等固有光学量。在该算法中，首先利用遥感数据源，根据式（2-14）计算出遥感反射比 R_{rs}，这是水色遥感获取的基本物理量；其次，利用计算出来的遥感反射比 R_{rs}，根据下式计算出水面之下遥感反射比 r_{rs}，即

$$r_{rs}(\lambda) = \frac{R_{rs}(\lambda)}{0.52 + 1.7R_{rs}(\lambda)} \tag{6-11}$$

式中，R_{rs} 为水面之上遥感反射比；r_{rs} 为水面之上遥感反射比。

接下来，引入一个物理量，即将式（2-24）中后向散射系数与总吸收系数和后向散射系数之和的比值定义为

$$u(\lambda) = \frac{b_b(\lambda)}{a(\lambda) + b_b(\lambda)} \tag{6-12}$$

式中，$u(\lambda)$ 为水体后向散射系数与水体吸收系数和后向散射系数之和的比值（无量纲）。为了求解 $u(\lambda)$，Gordon 给出了一个经验公式（Gordon，1988），即

$$u(\lambda) = \frac{-g_0 + \left[g_0^2 + 4g_1\, r_{rs}(\lambda)^{\frac{1}{2}} \right]}{2g_1} \tag{6-13}$$

式中，g_0 和 g_1 为系数，在实际计算中需要预先知道，但这两个参数的取值是随着颗粒物相函数的变化而变化的，而且不是遥感能获取的。Gordon 的研究认为对于开放的 I 类大洋水体，g_0 和 g_1 可分别取 0.0949 和 0.0794，Lee 等的研究认为对于高散射的近岸水体，g_0 和 g_1 的取值分别为 0.084 和 0.17，为了使 QAA 模式既适用于 I 类水体又适用于 II 类近岸水体，本书中 g_0 和 g_1 取上述两者的平均值，得到 $g_0 = 0.0895$ 和 $g_1 = 0.1247$。

根据式（6-13）可以遥感化获取 $u(\lambda)$，在此基础上，把式（6-12）变换为

$$a(\lambda) = \frac{1 - u(\lambda)}{u(\lambda)} \cdot b_b(\lambda) \tag{6-14}$$

式中，$u(\lambda)$ 是已经求出的，只要能求解出 $b_b(\lambda)$，就可以计算出水体总吸收系数 $a(\lambda)$。由式（2-26）可知，$b_b(\lambda)$ 为纯水的后向散射系数 $b_{bw}(\lambda)$ 与颗粒物的后向散射系数 $b_{bp}(\lambda)$ 之和，$b_{bw}(\lambda)$ 是已知的，关键是求解 $b_{bp}(\lambda)$。已有研究表明（Sathyendranath et al.，2001；Gordon et al.，1980；Smith and Baker，1981），$b_{bp}(\lambda)$ 可以表达为

$$b_{bp}(\lambda) = \frac{b_{bp}(\lambda_0)}{\left(\dfrac{\lambda_0}{\lambda} \right)^Y} \tag{6-15}$$

式中，λ_0 取 555nm，Y 为悬浮颗粒物后向散射系数的光谱指数（无量纲），可由下式计算得到，即

$$Y = 2.2 \left\{ 1 - 1.2 \exp\left[\frac{-0.9 r_{rs}(440)}{r_{rs}(555)} \right] \right\} \tag{6-16}$$

由式（6-15）求解 $b_{bp}(\lambda)$ 还需要知道参数 $b_{bp}(555)$，可由下式计算得到，即

$$b_{bp}(555) = \left[\frac{u(555) a(555)}{1 - u(555)} \right] - b_{bw}(555) \tag{6-17}$$

式中，$a(555)$ 的计算流程为

$$a(440)_i = \exp\left(-2 - 1.4p + 0.2p^2 \right) \tag{6-18}$$

$$a(555) = 0.0596 + 0.2 \left[a(440)_i - 0.01 \right] \tag{6-19}$$

由此，利用遥感获取的基本参数 $R_{rs}(\lambda)$ 计算出水体的总吸收系数 $a(\lambda)$ 和总颗粒物的后向散射系数 $b_{bp}(\lambda)$。

Lee 等的 QAA 算法进一步给出根据水体的总吸收系数 $a(\lambda)$ 计算出 CDOM 在参考波长 440nm 处的吸收系数 $a_{d/g}(440)$ 的方法，本书讨论的是石油类污染水体，故将 $a_{d/g}(440)$ 修改为 $a_{d/g/oil}(440)$，即

$$a_{d/g/oil}(440) = \frac{\left[a(410) - \zeta a(440) \right] - \left[a_w(410) - \zeta a_w(440) \right]}{\xi - \zeta} \tag{6-20}$$

式中，ζ 和 ξ 两个参数可由式（6-23）和（6-24）求出，即

$$\zeta = \frac{0.71 + 0.06}{0.8 + \dfrac{r_{rs}(440)}{r_{rs}(555)}} \tag{6-21}$$

$$\xi = \exp\left[S(440 - 410) \right] \tag{6-22}$$

其中，S 取 0.014nm^{-1}。

根据式（6-20），可计算出 $a_{d/g/oil}(440)$，加上已知的光谱斜率 S，代入式（1-1），可得

$$a_{d/g/oil}(\lambda) = a_{d/g/oil}(\lambda_0) \exp\left[-S_{d/g/oil}(\lambda - \lambda_0) \right] \tag{6-23}$$

式中，$\lambda_0 = 440\text{nm}$。

利用现场测定的光谱数据，代入式（6-23）可完全根据遥感反射比计算出 $a_{d/g/oil}(\lambda)$，图 6-7 为利用 QAA 算法反演得到的部分不同油浓度样本对应的 $a_{d/g/oil}(\lambda)$ 光谱曲线图。图 6-8 为现场测定的 $a_{d/g/oil}(\lambda)$。在含油水样中，测定的黄色物质的吸收系数包括了油的影响，因而 $a_{d/g/oil}(\lambda)$ 为现场测定的 $a_d(\lambda)$ 与 $a_{g/oil}(\lambda)$ 之和。

对比分析图 6-7 和图 6-8，可以看到，直接利用 QAA 算法提供的系数计算，其结果与实测值有明显差异，差异主要体现在以下 3 个方面：①数值上的差异，对比图 6-7 和图 6-8 的纵坐标，可以看到 QAA 算法估算的数值明显小于实测数值，差值最大可达到 0.8m^{-1}，平均误差达到 18%，越往紫外波段部分差值越大；②光谱形状上的差异，利用 QAA 算法反演的光谱曲线在 590nm 处吸收系数就接近于零，这点与 $a_g(\lambda)$ 实测结果很接近。$a_{d/g/oil}(\lambda)$ 是 $a_d(\lambda)$ 与 $a_{g/oil}(\lambda)$ 之和，$a_d(\lambda)$ 一般在波长大于 790nm 之后才接近于零，因而实测曲线在 590nm 之后不趋向零与实际情况更加吻合。分析原因发现，QAA 算法主要是针对 Ⅰ 类水体建立的，式（6-8）中的系数 g_0 和 g_1 是根据大洋样本得到，而本书主要研究的是 Ⅱ 类水体的石油污水，直接使用原始的 g_0 和 g_1 系数值必然带来误差，需要对 g_0 和

g_1 进行修正。利用 104 个含油污水样本（n=104）实测的后向散射系数与吸收系数，计算得到 u（水体后向散射系数与水体吸收系数和后向散射系数之和的比值）；利用同步观测获取的遥感反射比 $R_{rs}(\lambda)$ 代入式（6-7）计算得到 $r_{rs}(\lambda)$，最后根据式（6-8），重新拟合得到新的 g_0 和 g_1 数值，分别为 $g_0 =1.595$ 和 $g_1 =0.2247$（$R^2 = 0.8818$，n=54）。将修正后的系数代入 QAA 算法重新计算所有样本，并进行精度分析，结果表明，用修正后的系数计算，其结果与实测结果的差值最大为 0.3m^{-1}，平均误差 10%。

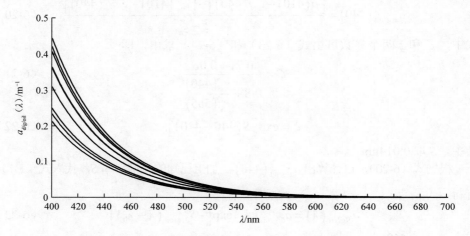

图 6-7　QAA 算法反演的 $a_{d/g/oil}(\lambda)$ 光谱曲线图

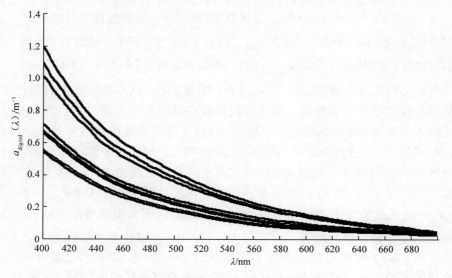

图 6-8　现场测定的 $a_{d/g/oil}$ 光谱曲线图

6.4.2　$a_d(\lambda)$ 和 $a_{g/oil}(\lambda)$ 的分离算法

Zhu 等在 QAA 算法的基础上提出了 QAA-E(extended quasi-analytical algorithm) 算法来分解 $a_d(\lambda)$ 和 $a_g(\lambda)$（Zhu et al.，2011），该算法首先利用式（6-17）计算出 $b_{bp}(555)$，再利用下式计算出 $a_d(440)$，即

$$a_d(440)=J_1 b_{bp}(555)^{J_2} \tag{6-24}$$

式中，$J_1=2.355$；$J_2=1.025$。然后利用式（6-23）计算 $a_d(\lambda)$，最后利用下式计算出 $a_{g/oil}(\lambda)$，即

$$a_{g/oil}(\lambda)=a_{d/g/oil}(\lambda)-a_d(\lambda) \tag{6-25}$$

利用式（6-23）计算 $a_d(\lambda)$ 时，S_d 取值 0.0125nm^{-1}。

目前基于分析模型（即机理模型），$b_{bp}(555)$ 可完全由遥感反射比计算得到，即式（6-17），在式（6-17）中用到参数 $u(555)$，而计算 $u(555)$ 用到系数 g_0 和 g_1，这两个系数是根据大洋水体确定的，而石油类污染水体是高度浑浊的水体，显然式（6-17）的计算结果会产生较大的误差。

根据前文的研究成果可知，在有石油类污染的水体中，总颗粒物的后向散射系数 $b_{bp}(\lambda)$ 除了包括浮游植物和非色素颗粒物的作用外，还包括石油类物质的作用。鉴于 $b_{bp}(555)$ 可由遥感反射比根据机理模型计算得到，且 $b_{bp}(555)$ 与非色素颗粒物的吸收系数 $a_d(\lambda)$ 密切相关，为此本书利用在辽东湾海域获取的 54 个实验样本，建立了石油类污染水体中 $b_{bp}(555)$ 与非色素颗粒物吸收系数 $a_d(\lambda)$ 的关系模型，如下式和图 6-9 所示，即

$$a_d(440)=0.6771 b_{bp}(555)^2-0.2796 b_{bp}(555)+0.3126$$
$$(R^2=0.8318, n=54) \tag{6-26}$$

式中，$b_{bp}(555)$ 根据式（6-17）计算。

式（6-26）提供了针对石油类污染水体计算 $a_d(440)$ 的新方法。并且表明，在石油类污染水体中非色素颗粒物 555nm 处的后向散射系数与 440nm 处的吸收系数之间的关系为二次多项式。

根据式（6-26）计算出 $a_d(440)$ 后再代入式（6-23），得到非色素颗粒物吸收系数 $a_d(\lambda)$。将 20 个观测样本 $a_d(\lambda)$ 计算值与实测值对比，误差分析表明，模拟值与实测值的平均误差为 12%，这表明式（6-26）的计算结果具有较高的精度。

在此基础上，根据式（6-25），从 QAA 算法反演得到的 $a_{d/g/oil}$ 减去 $a_d(\lambda)$ 得到仅含 CDOM 和石油类污染的吸收系数 $a_{g/oil}$，实现 $a_{d/g/oil}$ 与 $a_d(\lambda)$ 的分离，

得到 $a_{g/oil}(\lambda)$。

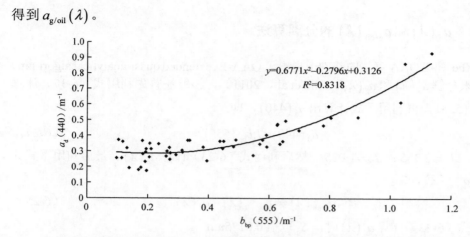

图 6-9 石油类污染水体中 $b_{bp}(555)$ 与非色素颗粒物吸收系数 $a_d(440)$ 的关系模型

6.4.3 $a_g(\lambda_0)$ 和光谱斜率 S_g 的遥感化算法

如果知道了 $a_g(\lambda_0)$ 和 S_g，就可以根据式（6-23）计算出 $a_g(\lambda)$，再利用余项法将 $a_{oil}(\lambda)$ 计算出来。国内外众多学者针对大洋和不同河口海域分别建立了利用遥感反射比估算 CDOM 的 $a_g(\lambda_0)$ 遥感模式。S_g 与 CDOM 的组成成分有关，且不同的 CDOM 组分具有不同的荧光特征。黄妙芬等（2014）的研究发现，仅含 CDOM、含油与 CDOM 混合、仅含石油类三种水样的荧光图谱特征具有明显的区别，因而可用荧光遥感和可见光遥感协同反演不同海域的 S_g 值。考虑到目前可使用的荧光传感器非常有限，因而暂不考虑使用荧光的方法，依然从可见光方法入手建立 S_g 的遥感化提取算法。

在 6.3.1 小节中，已经给出了不同区域利用遥感反射比反演 $a_g(440)$ 的计算式，本小节直接采用式（6-9）计算 $a_g(440)$。

为了保证 S_g 能遥感化提取，依然从表观光学量和固有光学量入手。周虹丽等针对青海湖 16 个观测站点的数据进行分析，发现 $a_g(440)$ 和 S_g 具有很好的乘幂关系（周虹丽等，2005），表示为

$$S_g = Y_0\, a_g(440)^{Y_1} \tag{6-27}$$

式中，$Y_0 = 0.0025$；$Y_1 = 0.6584$。

考虑到式（6-27）是针对青海湖相对纯净的水体建立的，本书利用现场测定的 104 个样本，对 S_g 与 $a_g(440)$ 进行拟合，得到

$$S_g = 0.034 a_g(440)^{0.978} \tag{6-28}$$

由此根据式（6-9）计算得到 $a_g(440)$，再代入式（6-28）就可以实现 S_g 遥感化获取，并进一步利用式（6-23）计算出 $a_g(\lambda)$。

将所有样本的计算结果与对应样本（$n=104$）进行精度分析，结果表明，计算结果与实测结果的平均误差为 13%。

6.4.4　$a_{oil}(\lambda)$ 的计算

在获取 $a_{g/oil}(\lambda)$ 的基础上，用余项法可求出 $a_{oil}(\lambda)$，即

$$a_{oil}(\lambda) = a_{g/oil}(\lambda) - a_g(\lambda) \tag{6-29}$$

用遥感化方法提取 $a_{oil}(\lambda)$ 是本书的创新点之一，问题是这种方法提取的精度有多高呢？下一步是进行结果验证，这就需要现场测定的石油类污染的吸收系数。关于现场石油类污染吸收系数的测定方法目前有两种，一种是分离法，另外一种是直接测定法。

由于溶解和分散在水中的石油类污染，其吸收系数的测定是和黄色物质混合在一起的，本书采用分离方法：选择无石油类污染水体，作为背景值，然后用有石油类污染水体的黄色物质的吸收系数减去无石油类污染水体的黄色物质的吸收系数，得到的就是石油类污染的吸收系数。直接测定法暂无规范可循，主要采用 $a_g(\lambda)$ 的测定规范，并把参比纯水替换成四氯化碳。对石油类污染水体样本的获取，一般是采用野外采集水样，然后用四氯化碳萃取的方法，由于四氯化碳挥发性较强，不利于样本的长时间保存，并且四氯化碳属于有机溶剂，使得将正常水和石油类污染水体分别置于分光光度计两条光路上直接测定石油类污染吸收系数的方式难能实现，所以采用分离法。

利用本书算法计算出含油样本的 $a_{oil}(\lambda)$ 的计算值，结果表明模拟计算的 $a_{oil}(\lambda)$ 随着波长变化呈现 e 指数衰减规律；将该算法提取 105 个 $a_{oil}(\lambda)$ 数值与现场测定的 105 个样本数据进行比对，结果表明平均误差为 14%。

6.5　小　　结

本项目根据野外现场获取的实验数据，通过非石油类污染水体和石油类污染水体中黄色物质和色素的吸收系数，探讨石油类污染对水体吸收系数特性的影响。研究结果表明：①随着石油类污染浓度的增大，水体中黄色物质吸收光谱形状不变，依然遵循指数衰减规律，但光谱斜率明显改变，因而石油类污染对水体吸收系数的影响主要通过黄色物质体现；②在有石油类污染的水体中，由于石油类污染的影响，会增大色素的吸收系数测定值，以及增强吸收峰，相当于"高估"了色素的吸收系数；③石油类污染的吸收光谱曲线和非色素颗粒物、黄色物质一样

皆遵循e指数衰减规律。

由于溶解和分散在水中的石油类污染，其吸收系数的测定是和黄色物质混合在一起的，本研究采用的分离方法是：选择无石油类污染的水体，作为背景值，然后用有石油类污染的水体的黄色物质吸收系数减去无石油类污染水体的黄色物质吸收系数，得到的就是石油类污染的吸收系数，并进一步针对获取的石油类污染的吸收系数，建立指数衰减方程。实际上，如果能在实验室内，将正常水体和受石油污染水体分别置于分光光度计两条光路上，通过测定石油类污染的光学密度，然后计算污染水体中石油类污染的吸收系数，是最有效获取石油类污染吸收系数的方法。但目前对于石油类污染水体样本的获取，一般是采用野外采集水样，然后用四氯化碳萃取的方法，由于四氯化碳挥发性较强，不利于样本的长时间保存，并且四氯化碳属于有机溶剂，使得将正常水体和石油类污染水体分别置于分光光度计两条光路上直接测定石油类污染吸收系数的方式未能实现，这是今后要进行的实验研究工作。另外对黄色物质进行残余校正计算时，发现对于高浑浊的Ⅱ类水体，利用 NASA 规范中推荐的 590～600nm 作为黄色物质吸收系数的残余校正显然不合理，采用 750nm 散射校正方式更为合适。

在所建立的石油类污染参数化模型中，要获取水体石油类污染在不同波段的吸收系数，关键是 $a_g(\lambda_0)$ 和光谱斜率 S 的确定。S 为指数光谱斜率参数，与波长 λ 及黄色物质浓度[以 $a_g(440\text{nm})$ 表示]无关，代表了光谱行为（光谱曲线的形状），本研究中利用 18 个实验样本，计算得到石油类污染吸收系数光谱斜率的经验值 S，S 最小值为 0.023nm^{-1}，最大值为 0.089nm^{-1}。另一关键因子，即参考波段 440nm 处的吸收系数，在本书中使用的是实测值，如何利用遥感反射比获取该参数，是一个值得进一步研究的科学问题。

利用卫星直接获取的遥感反射比能提取海水石油类污染吸收系数，可以摆脱非遥感化辅助参数实时观测的困扰，完全实现遥感化。通过对 2013～2015 年进行的 3 次配比实验及相对应的遥感数据分析，基于 QAA 算法，在完全利用遥感反射比的基础上，实现海水石油类污染吸收系数遥感化提取。通过修正 QAA 算法中的 g_0 和 g_1 数值，将利用遥感反射比反演 $a_{d/g/oil}$ 的平均误差由 18%降低到 10%。

建立了石油类污染水体 $b_{bp}(555)$ 与非色素颗粒物吸收系数 $a_d(\lambda)$ 的关系模型，实现非色素颗粒物吸收系数 $a_d(\lambda)$ 的遥感法提取，计算结果表明，模拟值与实测值的平均误差为 12%。结合 $a_g(440)$ 的遥感提取算法，建立利用 $a_g(440)$ 提取吸收系数光谱斜率 S_g 的遥感化方法，计算出 $a_g(\lambda)$；最后用余项法提取 $a_{oil}(\lambda)$。该算法提取 $a_{oil}(\lambda)$ 的数值与现场测定数据比对，平均误差为 14%。

第7章 水体石油类污染后向散射特性分析及参数化

7.1 后向散射系数间接获取方法

水色遥感是获取上层海洋光学特性和海洋组分信息的重要技术，而半分析模型[式（2-24）]是水色遥感反演算法的研究热点，其最终目的是利用水体的表观光学量来反演水体各成分的浓度。由于遥感获得的是水体后向散射信息，因此水体成分的后向散射特性对遥感反演模型的建立具有关键性的作用，是半分析模型的核心和基础。

水体散射特性与水环境参数如悬浮颗粒物浓度密切相关，主要受水中悬浮颗粒物的粒径大小及其分布和相对折射指数影响。研究表明，水体悬浮物对溶解在水中的油及乳化油都有吸附作用，这种吸附属于物理吸附，是由于悬浮物和油颗粒表面相同的双电层结构相遇时形成公共的反离子层结构而形成的。因而从机理上来讲，在一般情况下只要水体中存在石油类物质，就会改变非色素颗粒物的后向散射系数，进而影响水体的后向散射系数，这也为利用遥感半分析模型来反演水体石油类污染浓度提供了可行性（李崇明和赵文谦，1997；黄妙芬等，2007b）。

要研究水体石油类污染后向散射特性，首先是数据的获取，目前主要有直接仪器测量法和间接法两种方法。直接仪器测量法目前主要采用美国 Hobilabs 公司生产的 HS-6（hydroscat-6 spectral backscattering sensor，6 通道后向散射仪），相关内容在 4.2.3 小节已做详细讨论。半分析模型中直接应用的参数是后向散射系数。如果无法直接测量后向散射系数，需要通过其他手段获得后向散射概率（乐成峰等，2009；马荣华等，2008；Peng et al.，2007；Snyder et al.，2008）。

在无直接测量水体后向散射系数仪器，但有水体吸收系数和衰减系数测定仪器的情况下，可利用这两个仪器的测定值计算出水体散射系数，然后进一步利用相关关系求出水体后向散射系数。国外学者对后向散射系数与散射系数之间的关系做了相应的研究。对于比较简单的水体，学者一致认为后向散射系数与散射系数的关系是简单的线性关系，这个相关系数就是后向散射概率 $\tilde{b}_{\mathrm{b}}$（无量纲）。后向散射概率是后向散射占总散射系数的比例，因而可用下式来表示，即

$$\tilde{b}_{\mathrm{b}}(\lambda) = \frac{b_{\mathrm{b}}(\lambda)}{b(\lambda)} \tag{7-1}$$

式中，$b(\lambda)$ 为散射系数 (m^{-1})；$b_b(\lambda)$ 为后向散射系数 (m^{-1})。

对于相对复杂的水体，后向散射概率变得相对复杂，一般利用散射系数和后向散射系数的二项式关系来计算后向散射系数，即

$$b_b(\lambda) = 0.001\ 200\ 2 + 0.005\ 058b(\lambda) + 0.003\ 206\ 5b^2(\lambda)$$
$$(0.002\mathrm{m}^{-1} \leqslant b \leqslant 1002\mathrm{m}^{-1}) \tag{7-2}$$

另外利用实际测量的遥感反射比与吸收系数光谱，结合最小二乘法可优化出较真实的后向散射系数。颗粒物的后向散射系数可以表达为波长的幂函数（Boss and Pegan W S，2001；Boss et al.，2004），即

$$b_{bp}(\lambda) = b_{bp}(\lambda_0) \cdot \left(\frac{\lambda_0}{\lambda}\right)^n \tag{7-3}$$

本书中 $\lambda_0 = 532\mathrm{nm}$。将式（7-3）代入半分析模型式（2-24）中，得到

$$R_{rs}(\lambda) = f \cdot \left(\frac{b_{bw}(\lambda) + b_{bp}(532) \cdot \left(\dfrac{532}{\lambda}\right)^n}{a(\lambda) + b_{bw}(\lambda) + b_{bp}(532) \cdot \left(\dfrac{532}{\lambda}\right)^n} \right) \tag{7-4}$$

式中的 3 个未知量 f、$b_{bp}(532)$ 和 n 可以在满足最小二乘条件下通过优化算法来获取，即

$$\min \sum_{i=1}^m \left[R_{rsm}(\lambda_i) - R_{rss}(\lambda_i) \right]^2 \tag{7-5}$$

式中，$R_{rsm}(\lambda_i)$ 和 $R_{rss}(\lambda_i)$ 分别表示测量的和模拟的遥感反射比；m 是波段数。利用优化得到的 $b_{bp}(532)$ 和 n 计算出 HS-6 对应 6 个波段的较真实的后向散射系数，并取平均值。

7.2 含油水体颗粒物的后向散射特性

本书中后向散射系数的获取采用两种方式，即水槽配比实验和现场采集水样。配比过程采用"模拟水体污染"和"模拟水体自净"两种，详细的配比方式参见"4.4 配比实验方法"。现场水样采集方式参见"4.1 实验场地描述"。测量方法参见"4.2.3 后向散射测定仪 HS-6"。

7.2.1 水体后向散射系数与石油类污染及悬浮物相关性

水体中的悬浮颗粒可分为无机悬浮颗粒（suspended particulate inorganic matter，SPIM）和有机悬浮颗粒（suspended particulate organic matter，SPOM），SPOM 的主要作用是吸收，SPIM 的主要作用是散射。本小节分别讨论含油水体和无油水体中，

水体总悬浮物、有机悬浮物、无机悬浮物和石油类污染浓度与后向散射系数的相关性。

经大量实验数据测定表明，本书研究区域内水体水样的石油类污染浓度分布在 $0.1\sim2\mathrm{mg}/\mathrm{dm}^3$。考虑到所使用的红外测油仪检测限为 $0.2\mathrm{mg}/\mathrm{dm}^3$，当低于检测限时说明基本无石油类污染，此时按检测限的 $1/2$ 来记录，即记为 $0.1\mathrm{mg}/\mathrm{dm}^3$。因此将石油类污染浓度小于等于 $0.1\mathrm{mg}/\mathrm{dm}^3$ 的水样作为无石油类污染的水体，将石油类污染浓度大于 $0.1\mathrm{mg}/\mathrm{dm}^3$ 的水样作为有石油类污染的水体。有石油类污染水体和无石油类污染水体总悬浮物、有机悬浮物、无机悬浮物和石油类污染浓度与后向散射系数的相关系数分析如图 7-1 所示。

分析图 7-1（a）和（b），可得出如下结论：①后向散射系数与有机悬浮物几乎没有相关性；②对于无石油类污染的水体，后向散射系数与无机悬浮物浓度的相关性在 0.9 以上，相关性较高，而与石油类污染浓度的相关性非常小，说明水体的后向散射系数主要受无机悬浮物的影响；③对于有石油类污染的水体，后向散射系数与无机悬浮物的相关性为 0.7～0.9，与石油类污染浓度的相关性不考虑852nm 则为 0.5～0.6，若考虑则为 0.4～0.6，说明石油类污染的存在对颗粒物的后向散射系数有干扰。

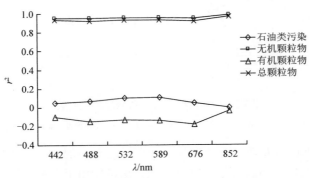

（a）石油类污染浓度小于等于 $0.1\mathrm{mg}/\mathrm{dm}^3$

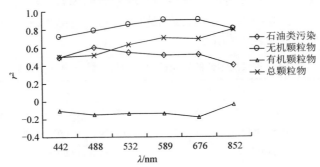

（b）石油类污染浓度大于 $0.1\mathrm{mg}/\mathrm{dm}^3$

图 7-1　各因子与后向散射系数的相关关系

7.2.2 含油水体后向散射系数与悬浮物浓度的定量关系

根据前面的分析,水体后向散射系数与悬浮物浓度通常有比较好的线性关系,这种线性关系是半分析反演悬浮物浓度的关键,因而有必要确定含油水体后向散射系数与悬浮物浓度的定量关系。通过三个断面以及配比实验数据的分析发现,三个断面的后向散射系数与悬浮物浓度之间有非常好的线性关系和对数关系,如图 7-2 所示。

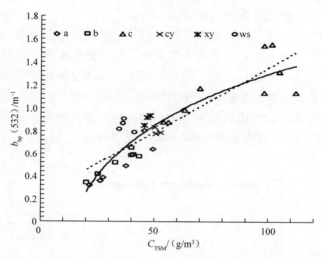

图 7-2 后向散射系数与总悬浮物浓度关系

a、b 和 c 分别代表三个断面;cy 代表稠油;xy 代表稀油;ws 代表污水

分析图 7-2 可以发现,配比实验(cy,xy,ws)的数据与现场观测三个断面(a,b,c)的数据分布趋势未能完全一致,这可能由于在配比过程中增加了除水体自有的悬浮物以外的其他可能影响后向散射系数的因素,给实验结果带来了一定的影响,但配比实验中由于配比的数据较少,对最终结果影响不大。各数据组合情况下的拟合关系如表 7-1 所示。

表 7-1 各数据组合的后向散射系数与总悬浮物浓度关系

数据集	线性	对数	站点数
断面 a	$y=0.0153x-0.0277$, $R^2=0.8344$	$y=0.5132\ln(x)-1.2940$, $R^2=0.8213$	6
断面 b	$y=0.0116x+0.1213$, $R^2=0.8997$	$y=0.3578\ln(x)-0.7323$, $R^2=0.9189$	7
断面 c	$y=0.0081x+0.4955$, $R^2=0.5360$	$y=0.6599\ln(x)-1.7261$, $R^2=0.5742$	11
断面 a、b、c	$y=0.0122x+0.1155$, $R^2=0.8802$	$y=0.6785\ln(x)-1.8413$, $R^2=0.8899$	24
所有站点	$y=0.0112x+0.2274$, $R^2=0.7746$	$y=0.6410\ln(x)-1.6581$, $R^2=0.8146$	34

表 7-1 表明各断面悬浮物浓度与后向散射的关系比较稳定，532nm 处的后向散射系数与总悬浮物的线性斜率在 0.008~0.0153 范围内变化，对数的斜率变化更小，因此可将所有数据近似为同一种关系。

后向散射系数与总悬浮物的比值称为颗粒物单位后向散射系数（particulate mass-specific backscattering coefficients），简称单位后向散射系数。所有站点数据的单位后向散射系数分布情况如图 7-3 所示，这与其他人的研究结果也比较接近或者类似，我国黄海、东海海区 532nm 处的后向散射系数与总悬浮物的比值约为 $0.01\,m^2/g$，太湖水体 550nm 处的单位后向散射系数平均值为 $0.025\,m^2/g$，变化范围在 $0.014~0.041\,m^2/g$，美国纽约州的几个河湖 650nm 处的后向散射系数与总悬浮物浓度的平均比值为 $0.012\,m^2/g$，美国沿岸水体有机颗粒大约占总颗粒物的 50%~70%，其 442~671nm 有机颗粒物的单位后向散射系数大约在 0.01~$0.025\,m^2/g$，本书研究区域有机颗粒物占总颗粒物的 60%~80%，两者水体中颗粒物的比例比较接近，因而两者具有比较相近的结果。

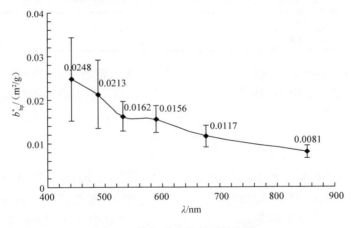

图 7-3　单位后向散射系数光谱

7.2.3　水体颗粒物后向散射系数光谱模型

由于石油类污染是通过颗粒物对水体后向散射系数产生影响的，因而需要确定含油水体颗粒物后向散射系数的光谱特征，以便进一步采用 Mie 散射理论将两者区分开来。辽宁省盘锦市境内双台子河和绕阳河水体颗粒物后向散射系数光谱曲线（27 个样本）如图 7-4 所示，后向散射系数光谱随波长变化的特征是：后向散射系数从 440nm 到红光波段大致呈逐渐减小趋势。

如前所述，HS-6 后向散射仪包括 442nm、488nm、532nm、589nm、676nm 和 852nm 六个波段，进一步对这六个波段的后向散射系数进行相关性分析，结果表明：各波段后向散射系数与 532nm 处后向散射系数整体上具有较高的相关性，都在 0.94 以上，如表 7-2 所示。

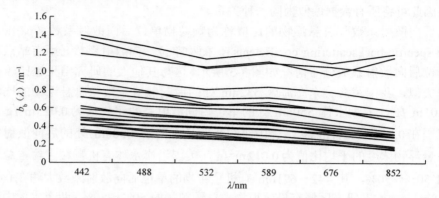

图 7-4　双台子河和绕阳河水体颗粒物后向散射系数光谱曲线

表 7-2　各波段后向散射系数与 532nm 后向散射系数的相关分析

波长/nm	442	488	589	676	852
相关系数	0.946	0.953	0.98	0.99	0.95

Sathyendranath 等曾经利用叶绿素浓度来研究后向散射系数的光谱特征（Sathyendranath et al.，2001），然而他们采用的颗粒物后向散射系数的光谱模型都是一种指数关系，即

$$\frac{b_b(\lambda)}{b_b(\lambda_0)} = \left(\frac{\lambda_0}{\lambda}\right)^n \tag{7-6}$$

式中，λ_0 为参考波长；n 为散射随波长变化的指数，并且随不同水体而变化。为了对研究区域水体中颗粒物后向散射系数的光谱特性进行模拟，需确定颗粒物后向散射系数光谱关系的指数 n。考虑各波段后向散射系数与 532nm 处后向散射系数整体上具有较高的相关性，故选择 532nm 为参考波长，将数据对 532nm 波长归一化，并且取对数，得

$$\ln\frac{b_b(\lambda)}{b_b(532)} = n\left(\frac{532}{\lambda}\right) \tag{7-7}$$

考虑到后向散射仪本身的测量原理就是在 800nm 处归 0 的，而且对于水色遥感来说，800nm 的卫星数据很少，因此在光谱模拟中，不考虑 852nm 波长。将实验数据代入式（7-7），得到研究区域后向散射系数光谱的指数 n 的平均值为 0.87，n 的范围在 0.45～1.39。平均值小于黄海、东海的 1.146 和太湖的 3.064，这也进一步说明反映光谱关系的指数 n 随着不同的水体而改变，所建立的光谱模型区域性很强。

7.2.4 含油水体悬浮物对后向散射光谱变化的影响

后向散射的光谱形式通常为一种如式（7-6）的幂函数，式中幂律指数（power-law exponent）n 是个区域变量，通常这个指数 n 能间接反映水体的粒径分布，因此 n 能较好地体现水体的区域特征。通过现场实验以及配比实验的数据分析，在含油水体中，n 取值范围在 0.329～2.513，平均值为 1.572。实际上指数 n 由颗粒物的特征决定，因此在一个较稳定的粒径分布函数下，n 与悬浮物的浓度有一定关系，n 与总悬浮物浓度之间的关系如图 7-5 所示。可以看出，除稀油、稠油以及过滤过的污水样品外，其他的样品数据都显示出指数 n 随着悬浮物浓度的增加而减小的趋势，这与很多研究的结果类似，随着水体的浑浊程度加大（悬浮物浓度增加），后向散射系数随波长的变化越来越不明显。

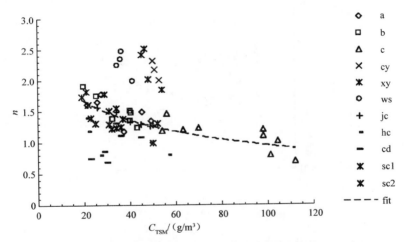

图 7-5 后向散射系数幂律指数与总悬浮物浓度之间的关系

a、b 和 c 分别代表三个断面；cy 代表稠油；xy 代表稀油；ws 代表污水；
jc、hc 和 sc1 和 sc2 分别代表污水处理厂污水；cd 代表过滤过的污水样品

通过现场测量的三个断面的数据，确定含油水体悬浮物对后向散射光谱变化的影响更接近一种对数关系，如下所示：

$$n = A \cdot \ln\left(C_{\text{TSM}}\right) + B \tag{7-8}$$

式中，C_{TSM} 为含油水体悬浮物浓度（mg/L）；n 为幂律指数；A 和 B 为系数。根据实验数据确定式（7-8）中 $A=-0.4426$，$B=2.9864$。

7.3　石油类污染单位后向散射系数参数化

7.3.1　石油类污染对后向散射系数的影响

由式（7-7）可以看出，只要参考波段的后向散射系数 $b_{bp}(\lambda_0)$ 和幂律指数 n 任意一个参数与石油类污染浓度相关，则可确定后向散射系数受石油类污染的影响。如图 7-6 所示，分别为后向散射系数 $b_{bp}(532)$ 及 n 分别与石油类污染浓度 $C_{pe}(g/m^3)$ 的关系。分析图 7-6 可见，石油类污染与 $b_{bp}(532)$ 之间的关系总体表现为随石油类污染浓度的增加，后向散射系数减小，这与通常情况下后向散射系数与总悬浮物的关系刚好相反；而从整体的数据分布，还无法看出石油类污染浓度 C_{pe} 与后向散射幂律指数 n 之间有任何相关性（宋庆君等，2010）。

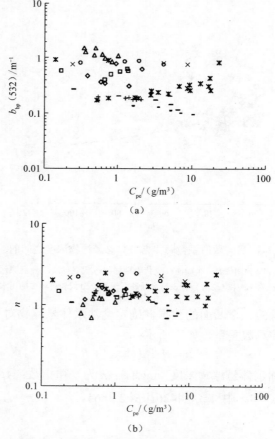

图 7-6　$b_{bp}(532)$ 和幂律指数与石油类含量的关系

但是依然有两组数据（sc1 和 sc2）与其他数据表现不一致，具体表现在随着石油类污染浓度的增加，后向散射系数也随之增加，这可能是由于该样品在配比过程中受带入悬浮物的影响，该样品在用于配比的样品中比较特别，表现在污水呈黑色，透明度极低，并且有大量的黑色颗粒物悬浮，虽然在加入样品时采取了一定的颗粒物过滤措施，但依然无法避免颗粒物的干扰，因此在加入了石油类污染的同时，受到了悬浮颗粒物的影响。

7.3.2　石油类污染单位后向散射系数

通常情况下，与单位后向散射系数类似，希望有个能同时联系石油类污染浓度和后向散射系数的物理量，因此将后向散射系数与石油类污染浓度做比值，在本书中称为石油类污染单位后向散射系数（petroleum mass-specific backscattering coefficients）。石油类污染单位后向散射系数 $b_{bp}(532)/C_{pe}$ 与石油类污染浓度的关系，以及波长指数 n 与石油类污染浓度的比值 (n/C_{pe}) 与石油类污染浓度的关系如图 7-7 所示。分析这两幅图发现，石油类污染单位后向散射系数以及波长指数 n 与石油类污染浓度的比值 (n/C_{pe}) 与石油类污染浓度都有非常好的相关性，呈现非常好的乘幂关系，这与叶绿素的单位吸收系数非常相似。

分析图 7-7 还可以看到，石油类污染单位后向散射系数表现为随石油类污染浓度的增加而减小，这与后向散射系数与石油类污染浓度的变化类似，并且石油类污染单位后向散射系数随石油类污染浓度的变化相比后向散射系数更稳定。

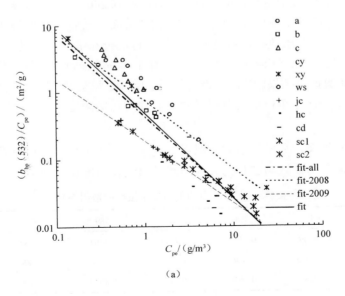

（a）

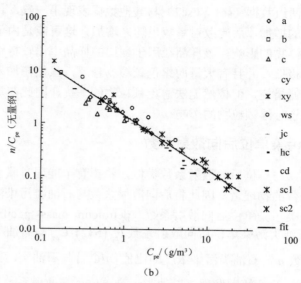

（b）

图 7-7　$b_{bp}(532)/C_{pe}$ 和 n/C_{pe} 与石油类污染浓度的关系

图 7-7 中，2008 年 5 月的实验样本 a、b、c、cy、xy、ws 等整体的石油类污染单位后向散射系数较大，2009 年 8 月实验样本 jc、hc、cd、sc1、sc2 整体的石油类污染单位后向散射系数较小，这是由实验条件造成的，但是最终结果两者却有很好的一致性。2008 年 5 月石油类污染单位后向散射系数与石油类污染浓度之间的拟合关系（fit-2008）与 2009 年 8 月石油类污染单位后向散射系数之间的拟合关系（fit-2009）几乎是平行的，但是应该注意到 2009 年 8 月实验数据中 sc1 和 sc2 的分布对结果的影响，只有这两个数据的分布比较特别，原因在前文已经说明。除 sc1 和 sc2 两组数据，其他数据也有同样的分布情况，其拟合关系（fit）与全部数据的拟合关系（fit-all）非常接近，有非常强的一致性。综上分析，为了避免 sc1 和 sc2 数据对结果的影响，最终采用了除 sc1 和 sc2 以外的其他数据的拟合关系作为石油类污染单位后向散射系数与石油类污染浓度的关系，即

$$b_{b,pe}^{*} = A \cdot C_{pe}^{B} \tag{7-9}$$

各波段石油类污染单位后向散射系数关系如表 7-3 所示。可以看出，石油类污染单位后向散射系数与波长的关系依然是随波长的增加而减小。

表 7-3　各波长石油类污染单位后向散射系数

波长/nm	442	488	532	589	676	852
A	0.6269	0.5382	0.4566	0.4301	0.3388	0.2381
B	−1.3085	−1.2962	−1.3135	−1.3247	−1.2882	−1.301
R^2	0.7730	0.7646	0.8191	0.8044	0.8200	0.8198

Otremba 和 Krol 针对原油在水面扩散的情形，利用米氏散射理论计算石油类污染浓度对后向散射系数的影响，水面原油随时间变化油膜变薄，石油类污染单位后向散射系数逐渐减小，油膜变薄会有更多的原油物质溶于水，水中的石油类污染含量增加，这与本书得出的随石油类污染浓度增加石油类污染单位后向散射系数减小的结论一致。但是由于他们的研究利用的是体积浓度，国内的研究通常采用质量浓度，因此在数据上无法比较。

在对式（7-8）进行分析的基础上，给出了石油类污染浓度对后向散射系数的影响集中反映在石油类污染单位后向散射系数上，后者与石油类污染浓度呈乘幂变化规律，随石油类污染浓度增加而减小，且随波长的增加而减小的结论。这与 Otremba 和 Krol 针对原油在水面扩散的情形，利用 Mie 散射理论计算石油类污染浓度对后向散射系数的影响后，得出的水面原油随时间变化油膜变薄，石油类污染单位后向散射系数逐渐减小，油膜变薄会有更多的原油物质溶于水，水中的石油类污染浓度增加的结论是一致的。

后向散射幂律指数与石油类污染浓度的比值 $\left(n/C_{\mathrm{pe}}\right)$ 和石油类污染浓度也有较好的乘幂关系，即

$$n/C_{\mathrm{pe}} = 1.3951 \cdot C_{\mathrm{pe}}^{-1.0223} \quad \left(R^2 = 0.9452, n = 65\right) \tag{7-10}$$

并且这一关系在各组数据中表现非常一致，这说明石油类污染浓度对后向散射系数光谱的形状有一定影响，但同时也说明这一影响非常小。式（7-10）中，系数 1.3951 非常接近后向散射幂律指数 n 的平均值 1.4449，而指数 -1.0223 接近 -1，因此可以表明石油类污染浓度对后向散射波长指数 n 只有轻微影响，石油类污染浓度对后向散射系数的影响主要仍表现在对石油类污染单位后向散射系数上。Otremba 和 Krol 的研究结果也显示随时间而逐渐变薄的油膜对后向散射系数的影响主要集中在石油类污染单位后向散射系数上，对光谱形状几乎无影响，各浓度下的后向散射系数光谱呈平行分布。

7.4 石油类污染与悬浮颗粒物后向散射系数分离算法

由于石油类污染附着在无机颗粒物上的，要将其对水体后向散射系数的影响单独区分开来还需要更深入的研究。式（7-9）仅是依据单角度后向散射系数测量仪的数据而得出，在实验中并没有进行完全排除悬浮物对配比实验的影响而进一步区分石油类污染和悬浮物的后向散射系数贡献的相关研究（宋庆君等，2010）。事实上，如果在实验中同时测量粒径分布、相对折射指数以及石油类污染和悬浮物的体积浓度，再根据 Mie 散射理论做进一步的理论计算和模拟，将有助于提高石油类污染水体后向散射系数参数化模型的精度。目前利用 Mie 散射理论来模拟

水体后向散射特性的研究主要集中在叶绿素、悬浮物等因子上，并取得了较好的研究进展。

由于散射是光子与颗粒物相互作用的结果，因此水体中常见的非弹性散射现象依据数学描述大致分为两种，一种是水分子的 Rayleigh 散射，另外一种就是水中颗粒物的 Mie 散射。水分子散射在整个水体散射特性占比较小，另外纯水以及纯海水的散射特征到现在也发展的比较成熟，已有大量可靠的数据可供引用。水体散射主要部分颗粒物散射的理论描述 Mie 散射计算也相对成熟，然而由于水体中颗粒物构成复杂，Mie 散射的球形粒子假设使理论计算与现实总有些偏差，另外颗粒物的折射指数尤其是浮游植物的复折射指数也很复杂，不能假设为单一介质的各向同性小球，故此浮游植物（自然水体中颗粒物的主要成分）的 Mie 散射计算在水光学尤其是水色遥感中的应用有一定的缺陷，对于复折射指数和粒径分布通常都是引用数据和模型，而不是利用现场测量的折射指数和粒径谱分布（Kostadinov et al.，2009）。

7.4.1　实验设计

整个实验方案分为四大模块，如图 7-8 所示，具体包括配比实验、数据测量、数值计算、模式或者算法建立等模块。

配比实验过程及其原则参见 4.4.3 小节。实验中使用的仪器包括前文提到的美国 Wyatt 公司 DAWN HELEOS Ⅱ 18 角度激光散射测量仪、美国 SEQUOIA 公司 LISST-100BX 激光粒径仪、美国 HobiLabs 公司的 HS-6 后向散射仪以及日本日立公司的紫外可见光分光光度计 UV3900。DAWN HELEOS Ⅱ 18 角度散射测量仪测量各类样本的散射强度随角度变化的电压值 $V(\theta)$，LISST 仪器测量颗粒物浓度 N 与粒径分布 α，HydroScat-6 后向散射仪主要用于直接测量后向散射系数 $b_b(\lambda)$，UV3900 测量样本的吸收系数，用于校正 $b_b(\lambda)$ 测量值。关于仪器详情，参见 4.2.3～4.2.5 三小节内容。

计算模块包括 4 部分：①体散射函数 $\beta(\lambda,\theta)$；②$V(\theta)$ 与 $\beta(\lambda,\theta)$ 的定标系数；③油水混合物的等效折射系数 m；④各种样本的后向散射系数 $b_b(\lambda)$。由于含油污水和油砂混合水样的折射系数是未知的，为此可借助 DAWN HELEOS Ⅱ 18 角度激光散射测量仪测量数据。但是 18 角度激光散射测量仪测量得到的数据为电压值，而不是真实的散射强度值，为得到真实的体散射函数，需对 18 角度激光散射测量仪测量数据进行定标，获取定标数据，以实现将测量数据转化为真实的体散射函数值。18 角度激光散射测量仪测量的数据中，有 7 个角度是后向散射角度，以此为参照，通过迭代及最优化的方法分别求出含油污水和油砂混合水样的折射系数 m。最后根据求出的折射系数，分别计算石英砂、含油污水和油砂混合水样

的 $b_b(\lambda)$，为建立水体石油类污染与悬浮泥沙对后向散射贡献的分离算法，提供基础和必要的数据。

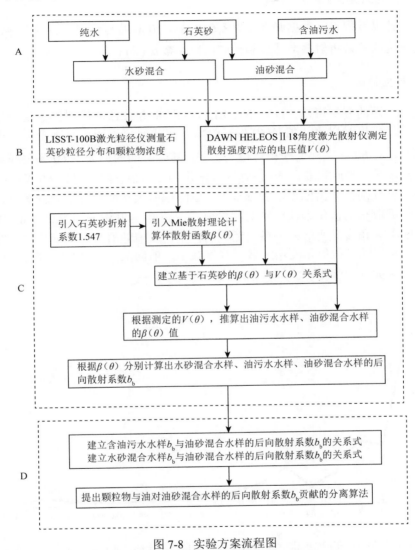

图 7-8　实验方案流程图

A，配比实验；B，数据测量；C，数值计算；D，模式或算法建立

在计算得到含油污水的后向散射系数 $b_{b,o}(\lambda)$、石英砂水样的后向散射系数 $b_{b,s}(\lambda)$ 和油砂混合总后向散射系数 $b_{b,os}(\lambda)$ 等参数后，利用 **HS-6** 测量的数值进行验证。在此基础上分别建立 $b_{b,o}(\lambda)$ 与 $b_{b,os}(\lambda)$、$b_{b,s}(\lambda)$ 和 $b_{b,os}(\lambda)$ 的散点图，根据趋势线确定 $b_{b,o}(\lambda)$ 与 $b_{b,os}(\lambda)$、$b_{b,s}(\lambda)$ 与 $b_{b,os}(\lambda)$ 的关系式，初步探索出将石油类污

染与悬浮物对后向散射贡献的分离算法。

7.4.2 数据处理与参数计算

数值计算过程包括数据筛选、$\beta(\lambda,\theta)$ 计算，$\beta(\lambda,\theta)$ 与 $V(\theta)$ 的定标系数获取，油水混合物的等效折射系数计算和后向散射系数 $b_b(\lambda)$ 计算。

1. 数据筛选

根据前面的分析可知，DAWN HELEOS II 18 角度激光散射测量仪测量各类样本的散射强度是以电压值 $V(\theta)$ 形式给出。实验研究表明，对某个样本进行电压测量时，前 60 条采样数据相对稳定一些，随着时间的加大后 60 条采样数据的波动明显增大。为此只取前 60 条测量数据作为测量值，然后将这 60 条数据针对不同的角度分别计算出偏差值和标准差，剔除偏差大于两倍标准差的数据，对筛选后的数据取平均值作为该样本的测量值。图 7-9 为其中一组测量样本 DAWN HELEOS II 18 角度激光散射测量仪测定的样本电压值随着角度的变化曲线图，由图中可以看出随着散射角度增大散射强度减小，前向散射强度 $(\theta < 90°)$ 比后向散射强度 $(\theta > 90°)$ 要强得多。

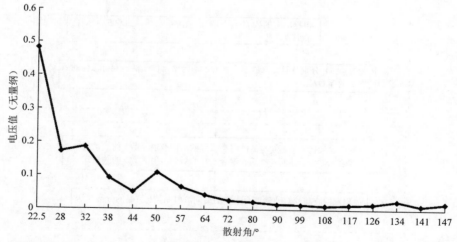

图 7-9 DAWN HELEOS II 18 角度激光散射测量仪测定的样本电压值随角度的变化

在实验测量过程中发现，LISST 粒径仪测量的 32 个粒径数据两端的四组数据最小的四个粒径测量值和最大的四个粒径测量值稳健性较差，如图 7-10 所示。具体问题：最小的四个粒径测量值比其他粒径测量值大两到三个数量级，导致在后续处理中看不出其余粒径的影响；最大的四个粒径测量值，在低颗粒浓度的测量中非常小，但是随浓度升高测量值会逐渐偏高。为此在数据筛选过程中，将前四个和后四个粒径剔除，在实际应用中，对 LISST 粒径仪数据只保留第 5 号～第 28 号共 24 个粒径的数值。

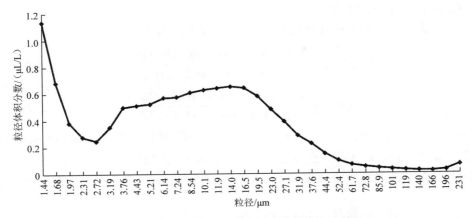

图 7-10　LISST 粒径仪测定的样本粒径体积分数分布

2. 体散射函数 $\beta(\lambda, \theta)$ 计算

由式（2-20）可见，要求解海水后向散射系数 $b_b(\lambda)$，必须先求解水体体积散射函数 $\beta(\lambda, \theta)$。根据 Mie 散射理论（Philippe et al.，1999），$\beta(\lambda, \theta)$ 的计算方程可表示为

$$\beta(\theta, \lambda) = N(D)\frac{\pi}{4}D^2 Q_{\beta(\theta)}(D, m_{\mathrm{p}}, \lambda) \tag{7-11}$$

式中，N 为粒径分布函数；$Q_{\beta(\theta)}$ 为后向散射效率，其为颗粒物粒径 D、相对折射指数 m_{p} 和波长 λ 的函数。后向散射效率 $Q_{\beta(\theta)}$ 可通过 Mie 散射计算，即

$$Q_{\beta(\theta)} = \frac{1}{2\pi x^2}\left(S_1 S_1^* + S_2 S_2^*\right) \tag{7-12}$$

式中，x 为粒度（无量纲），其计算式为 $x = \pi D/\lambda$；D 为颗粒物的实际直径（m）；λ 为波长（m）；S_1 和 S_2 为散射振幅函数，S_1^* 和 S_2^* 分别为 S_1 和 S_2 的共轭复数。在本书中，不考虑偏振，则虚部为零。散射振幅函数 S_1 和 S_2 的表达式为

$$S_1(\theta) = \sum_{K=1}^{\infty} \frac{2K+1}{N(K+1)}\left[a_K(m, x)\pi_K(\theta) + b_K(m, x)\tau_K(\theta)\right] \tag{7-13}$$

$$S_2(\theta) = \sum_{K=1}^{\infty} \frac{2K+1}{K(K+1)}\left[a_K(m, x)\tau_K(\theta) + b_K(m, x)\pi_K(\theta)\right] \tag{7-14}$$

式中，x 含义同前；θ 为散射角；m 为散射颗粒相对于周围介质的折射率，是一个复数，当虚部不为零时表示有颗粒物吸收，在此忽略吸收部分，则 $m = m_{\text{粒}}/m_{\text{介}}$，

$m_{粒}$ 为颗粒的折射指数（无量纲），$m_{介}$ 为介质的折射指数（无量纲）；$a_K(m,x)$ 和 $b_K(m,x)$ 为 Mie 散射系数；$\pi_K(m,x)$ 和 $\tau_K(m,x)$ 为角度制约系数（angular dependent coefficient）；K 为方程的阶数。

Mie 散射系数 $a_K(m,x)$ 和 $b_K(m,x)$ 由下式给出，即

$$a_K(m,x)=\frac{\psi_K(x)\psi_K'(m,x)-m\psi_K(m,x)\psi_K'(x)}{\psi_K'(m,x)\xi_K(x)-m\xi_K'(x)\psi_K(m,x)} \tag{7-15}$$

$$b_K(m,x)=\frac{m\psi_K(x)\psi_K'(mx)-\psi_K(mx)\psi_K'(x)}{m\xi_K(x)\psi_K'(mx)-\psi_K(mx)\xi_K'(x)} \tag{7-16}$$

式中，$\psi_K(m,x)$、$\psi_K(x)$、$\xi_K(m,x)$ 和 $\xi_K(x)$ 为黎卡提–贝塞尔（Riccati-Bessel）函数；$\psi_K'(m,x)$、$\psi_K'(x)$、$\xi_K'(m,x)$ 和 $\xi_K'(x)$ 为相应函数的导数。$\psi_K(x)$ 和 $\xi_K(x)$ 可分别用第一类半整数阶贝塞尔（Bessel）函数 $J_{K+\frac{1}{2}}(x)$ 和第一类半整数阶第二类汉克尔（Hankel）函数 $H_{K+\frac{1}{2}}^{(2)}(x)$ 表示，即

$$\psi_K(x)=\left(\frac{\pi x}{2}\right)^{\frac{1}{2}}\cdot J_{K+\frac{1}{2}}(x) \tag{7-17}$$

$$\xi_K(x)=\left(\frac{\pi x}{2}\right)^{\frac{1}{2}}\cdot H_{K+\frac{1}{2}}^{(2)}(x) \tag{7-18}$$

式（7-18）可进一步用第二类半整数阶贝塞尔（Bessel）函数 $Y_{K+\frac{1}{2}}(x)$ 来表达，即

$$\xi_K(x)=\psi_K(x)+i\cdot Y_{K+\frac{1}{2}}(x) \tag{7-19}$$

式（7-13）和式（7-14）中，角度制约系数 $\pi_K(m,x)$ 和 $\tau_K(m,x)$ 可表达为连带勒让德（Legendre）多项式的函数，具体表达式为

$$\pi_K(\theta)=\frac{1}{\sin\theta}P_K^1(\cos\theta) \tag{7-20}$$

$$\tau_K(\theta)=\frac{d}{d\theta}P_K^1(\cos\theta) \tag{7-21}$$

其中，$P_K^1(\cos\theta)$ 为连带勒让德（Legendre）多项式。

从式（7-13）和式（7-14）可见，散射振幅函数 S_1 和 S_2 是一个无穷求和的求解过程，在理论上是无法计算的。本书对于式（7-13）和式（7-14）方程阶数的最大取值 $K_{\max}$ 采用下式来确定，即

$$K_{\max}=x+4x^{\frac{1}{3}}+2 \tag{7-22}$$

从式（7-20）和式（7-21）可见 $\pi_K(\theta)$ 和 $\tau_K(\theta)$ 仅与散射角 θ 有关，采用以下

的递推关系式进行求解，即

$$\pi_K(\theta) = \frac{2K-1}{K-1}\cos\theta\pi_{K-1}(\theta) - \frac{K}{K-1}\pi_{K-2}(\theta) \tag{7-23}$$

$$\tau_K(\theta) = \cos\theta\pi_K(\theta) - (K+1)\pi_{K-1}(\theta) \tag{7-24}$$

对于式（7-23）和式（7-24）的计算选取以下初始值：$\pi_0(\theta)=0$；$\pi_1(\theta)=1$；$\pi_2(\theta)=3\cos\theta$；$\tau_0(\theta)=0$；$\tau_1(\theta)=\cos\theta$；$\tau_2(\theta)=3\cos(2\theta)$。散射角 θ 的取值采用 DAWN HELEOS II 18 角度激光散射测量仪所设置的角度，参见表 4-6。

在式（7-12）～式（7-21）中涉及的黎卡提-贝塞尔（Riccati-Bessel）函数、第一类半整数阶贝塞尔（Bessel）函数、第二类半整数阶贝塞尔（Bessel）函数和连带勒让德（Legendre）多项式在 MATLAB 软件中有现成的求解过程。

至此已经求解出 $Q_{\beta(\theta)}$，下一步是在此基础上根据式（7-11）求出体散射函数 $\beta(\lambda,\theta)$。在式（7-11）中 $N(D)$ 为粒径分布函数，采用的是个数分数。而利用 LISST 粒径仪测量得到的是 32 个粒径（见表 4-3）所对应的颗粒体积分数，因而需要利用以下两个公式把体积分数转化成个数分数，即

$$V_{粒} = \frac{1}{6}\pi D^3 \tag{7-25}$$

$$N_{粒} = \frac{N_{体}}{V_{粒}} \tag{7-26}$$

式中，D 含义同前（m）；$V_{粒}$ 为颗粒物体积（m³）；$N_{体}$ 为用 LISST 粒径仪测量得到的颗粒物体积分数（μL/L）；$N_{粒}$ 为个数分数（个/ m³）。

对于单一粒径的颗粒物，将式（7-11）转换为

$$\beta_d(\lambda,\theta) = N_{粒}\left(\frac{\pi}{4}\right)D_d^2 Q_{\beta(\theta),d} \tag{7-27}$$

式中，d 表示单一粒径颗粒物。对 LISST 粒径仪所测量的 28 个粒径累积求和得到该样本的体散射函数 $\beta(\lambda,\theta)$，即

$$\beta(\lambda,\theta) = \sum_{d=5}^{28} \beta_d(\lambda,\theta) \tag{7-28}$$

需要说明的是，在数据筛选中已经提到，去除前后四组，所以式（7-28）累积求和是从 $d=5$ 开始到 $d=28$。

3. 定标系数计算

如前面所述，体散射强度 $\beta(\lambda,\theta)$ 是关于粒径比 α、散射角度 θ、粒径个数 n 以及折射系数 m 的函数，在获取这些参数的基础上，结合 Mie 散射理论，就可计算出 $\beta(\lambda,\theta)$。对于油污染样本和油砂混合样本，利用 LISST 粒径仪可测量得到样

本粒径大小和粒径浓度（换算成粒径个数 n），但折射系数是未知的。为了得到未知物质的折射系数，首先利用已知折射系数（取 1.547）的石英砂作为配比参量，依据 LISST 粒径仪测量得到的粒径大小和粒径浓度，根据 Mie 散射理论计算出石英砂的体散射函数 $\beta(\lambda,\theta)$，同步利用 DAWN HELEOS II 18 角度激光散射测量仪测量的散射强度值，建立 DAWN HELEOS II 18 角度激光散射测量仪测量的电压值与体散射强度 $\beta(\lambda,\theta)$ 之间的关系式，获取定标系数。

具体做法：首先，将已知折射系数 m（取 1.547）的石英砂，按照指数变化规则配比出不同浓度的石英砂样本；其次，用 LISST 粒径仪测量，获得粒径比 α 和粒径个数 n（m=1.547）；再次，利用式（7-11）计算出石英砂样本的 $\beta(\lambda,\theta)$，最后建立将 DAWN HELEOS II 18 角度激光散射测量仪测量的电压值转换成体散射强度 $\beta(\lambda,\theta)$ 的关系式。

图 7-11 为散射角 θ 分别为 22.5°、57°、81°、99°、126°、147°得到的定标系数。从图中可以看到，采用幂指数形式，R^2 都在 0.89 以上（样本数 n=34），最后确定采用幂指数形式，即

$$\beta(\lambda,\theta) = aV(\theta)^b \qquad (7-29)$$

式中，a 和 b 为定标系数，其取值随着散射角度的改变而改变，具体取值参见表 7-4。

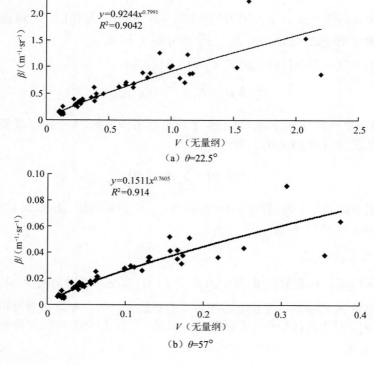

（a）θ=22.5°

（b）θ=57°

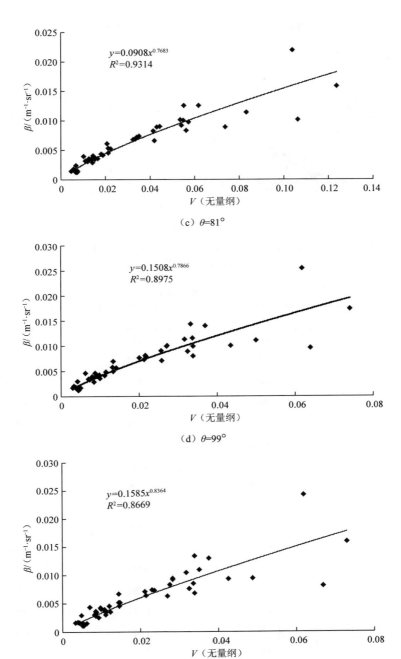

（c）θ=81°

（d）θ=99°

（e）θ=126°

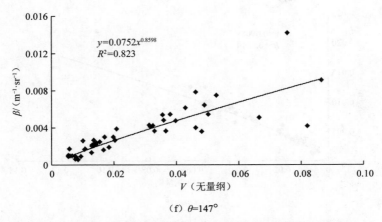

（f）$\theta=147°$

图 7-11　DAWN HELEOS Ⅱ 18 角度激光散射测量仪测量电压值转换为
体散射函数的定标系数分析

表 7-4　18 角度的定标系数

角度/°	a	b	R^2
22.5	0.807	1.298	0.926
28	−1.002	1.335	0.933
32	1.057	0.959	0.911
38	−0.335	0.870	0.935
44	3.364	0.930	0.906
50	−0.060	0.267	0.941
57	1.043	0.328	0.935
64	0.078	0.209	0.944
72	2.124	0.285	0.936
81	0.302	0.239	0.953
90	1.863	0.263	0.940
99	4.323	0.423	0.930
108	28.007	1.001	0.882
117	8.087	0.612	0.923
126	6.065	0.359	0.910
134	0.926	0.135	0.919
141	12.412	0.366	0.890
147	1.633	0.141	0.894

4. 油的折射系数和油砂混合的等效折射系数的确定

油折射系数 m_o 和油砂折射系数 m_{os} 是计算后向散射系数 $b_b(\lambda)$ 必须知道的参数。在确定 DAWN HELEOS II 18 角度激光散射测量仪的定标系数后，就可以根据式（7-29），将 18 角度激光散射仪测定的电压值 $V(\theta)$ 转换成样品的体散射函数 $\beta(\lambda,\theta)$，再结合 LISST 粒径仪的测量数据，就可以估算出未知样品的折射系数。

对于折射系数 m 采用的估算步骤如下。

（1）确定 m 的初始值。根据绝对折射率公式 $m=c/v$，v 为光在某种介质中的速度，c 为真空中的光速。因为处理的时候不考虑相速度，所以 $m \geqslant 1$。因此设定初始值为 1。

（2）获取样本 $\beta(\lambda,\theta)$ 的实测值和估算值。利用给定的样本 m 初始值和 LISST 粒径仪测量的参数值，根据 Mie 散射理论计算出 $\beta(\lambda,\theta)$ 估算值，记为 β_1；根据式（7-21）将 DAWN HELEOS II 18 角度激光散射测量仪测定的样本散射强度电压值转换成对应的体散射函数 $\beta(\lambda,\theta)$ 的值，记为 β_2。

（3）显著性差异分析。对比 β_1 和 β_2，得到显著性参数，记为 p，p 越接近 1 说明两者差异性越小，当 $p=1$，说明两者没有差异。

（4）确定样本 m 的优化初始值。重复步骤（2）、步骤（3），以 0.01 作为 m 的增加量，增加 10 次，记录为 $m_1 \sim m_{10}$，同时每次都把计算的 $\beta(\lambda,\theta)$ 和 18 角度定标的 $\beta(\lambda,\theta)$ 作显著性差异分析，得到 10 组显著性参数，记录为 $p_1 \sim p_{10}$。这样，就得到 10 对估计的 m 值和对应的显著性参数数据 p。因为显著性参数越接近 1 说明差异越小，所以在这 10 对数中找出显著性参数最接近 1 的 m 值。

（5）确定最优的 m 值。在步骤（4）的基础上，以 0.002 为增加间隔，在这个 m 附近找出显著性参数更接近 1 的 m。这样，就确定了这个浓度下的最优的 m 了。最后得到 $m_o = 1.433$，$m_{os} = 1.476$。由前可知石英砂的折射系数是 1.574，对比可见石英油混合的折射系数变小了。

5. 后向散射系数 $b_b(\lambda)$ 计算

后向散射系数 $b_b(\lambda)$ 根据式（2-20）计算得到。由式（2-20）可以看到，$b_b(\lambda)$ 的计算就是求 $2\pi \sin(\theta)\beta(\lambda,\theta)$ 的原函数，代入积分上限和积分下限相减即可。但使用的测量仪器测量得到的是离散数据，并且角度的设置也是离散值，因此在求解过程中，首先利用离散数据拟合出三次多项式，得到与 $2\pi \sin(\theta)\beta(\lambda,\theta)$ 接近的函数和三次多项式的系数；其次用三次多项式的原函数，代入积分上限和积分下限相减，最后得到 $b_b(\lambda)$。

具体计算步骤如下。

（1）单位转换。将 DAWN HELEOS II 18 角度散射测量仪所设置的后向散射的角度 θ（99°、108°、117°、126°、134°、141°、147°）转化为弧度。

（2）根据式（7-28）计算出的 $\beta(\lambda,\theta)$，计算 $2\pi\sin(\theta)\beta(\lambda,\theta)$，一共获得 7 个值。此外，当 $\theta=\pi$ 时，$\sin(\theta)=0$，所以 $2\pi\sin(\theta)\beta(\lambda,\theta)=0$。

（3）利用以上 7 对数据[7 个散射角 θ，及对应的 8 个 $2\pi\sin(\theta)\beta(\lambda,\theta)$ 值]进行三次多项式拟合，得到如下三次多项式，即

$$\beta(\lambda,\theta)\sin(\theta)=a\theta^3+b\theta^2+c\theta+d \qquad (7\text{-}30)$$

式中，a、b、c、d 为拟合系数。

（4）利用求解导数公式 $(x^n)'=nx^{n-1}$（n 为整数），得到多项的原函数。

（5）根据定积分的计算方法，将 $\beta(\lambda,\theta)\sin(\theta)$ 取原函数，然后代入积分上下限，最后相减，使 $b_b(\lambda)$ 计算公式转换为如下公式，即

$$b_b(\lambda)=2\pi\left\{\frac{a}{4}\left[\pi^4-\left(\frac{\pi}{2}\right)^4\right]+\frac{b}{3}\left[\pi^3-\left(\frac{\pi}{2}\right)^3\right]+\frac{c}{2}\left[\pi^2-\left(\frac{\pi}{2}\right)^2\right]+d\left(\pi-\frac{\pi}{2}\right)\right\} \qquad (7\text{-}31)$$

6. 后向散射系数 $b_b(\lambda)$ 计算结果验证

前面分别计算出了含油污水、含石英砂水、油砂混合溶液的 $b_b(\lambda)$，进一步用国际公认的测量后向散射使用的后向散射仪（HS-6）的测量值与利用 Mie 散射原理计算出的后向散射系数进行对比分析。如前所述，18 角度激光散射仪器激光发射波长为 658nm、LISST 粒径仪波长为 670nm，而 HS-6 有六个波长，选择相接近的 700nm 作为对比分析波段。

验证数据来源于新配比的实验。在处理 HS-6 数据时，需要结合水体的黄色物质系数 a_g 和总颗粒物吸收系数 $a_p(\lambda)$。在处理 $a_g(\lambda)$ 数据时，由于采用的是石英砂与海水的混合，因而将水砂样本认定为浑浊水体。依据国家标准，在进行长波段可见光或近红外波段黄色物质吸收系数的残余校正时，选取 690～700nm 范围进行校正。对于含有石油污水的混合样本选择 750nm±10nm 范围进行校正。

验证实验一共获得 12 个样本，分析表明，Mie 散射理论计算值与 HS-6 仪器测定值比较接近，相对误差为 3%。表明的实验计算出来的体散射函数和后向散射系数具有较高的可信度。

7.4.3 分离算法建立

1. 体散射函数 $\beta(\theta)$ 变化特征分析

根据配比实验数据和式（7-28），分别计算出纯石英砂水样、纯油污水样、油砂混合水样的体散射函数 $\beta(\lambda,\theta)$，图 7-12（a）为三组不同浓度纯石英砂水样的体散射函数 $\beta(\lambda,\theta)$ 随着散射角度 θ 的变化曲线，图 7-12（b）为三组不同浓度纯油污水样的体散射函数 $\beta(\lambda,\theta)$ 随着散射角度 θ 的变化曲线，图 7-12（c）为三组不同浓度油砂混合水样的体散射函数 $\beta(\lambda,\theta)$ 随着散射角度 θ 的变化曲线。系列 1 是 5mg/L 的纯油污水样与 5mg/L 纯石英砂水样的混合，系列 2 是 1mg/L 的纯油污水样与 10mg/L 纯石英砂水样的混合，系列 3 是 1.5mg/L 的纯油污水样与 15mg/L 纯石英砂水样的混合。需要说明的是，在实际计算时，采用的是 0°～180°，由于散射角 $\theta<22°$时，前向散射数值非常大，为了突出散射角 $\theta>22°$ 之后的数值，故在实际作图时散射角度取值 22°～180°。分析图 7-12 可得出以下结论：①不论是纯石英砂水样、纯油污水样还是两者混合的水样，表现出来都是随着样本浓度增加，体散射函数 $\beta(\lambda,\theta)$ 值增大；②总体来看，前向散射强度大，后向散射强度小；③前向部分随着散射角度的增大急剧下降；④在散射角 $\theta>60°$之后，$\beta(\lambda,\theta)$ 值变化趋于平缓，在 $\theta>170°$后强度有明显的抬升；⑤ $\beta(\lambda,\theta)$ 的变化趋势以及数量级范围，与冯士筰等给出的结果是一致的（冯士筰等，1999）。

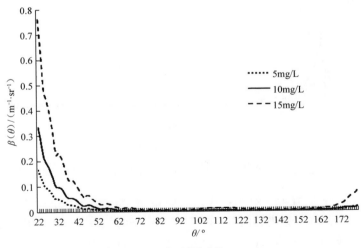

（a）纯石英砂水样

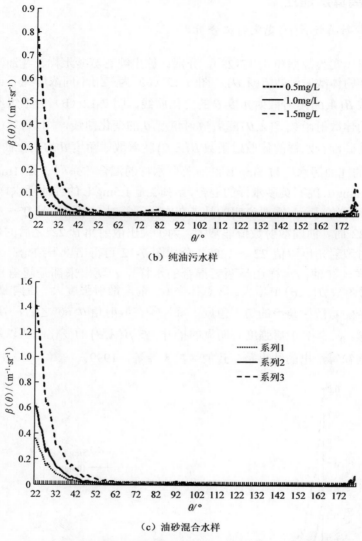

（b）纯油污水样

（c）油砂混合水样

图 7-12　不同类型水样体散射函数 $\beta(\theta)$ 随散射角 θ 的变化曲线

　　图 7-13（a）为其中一组三种样本散射角 θ 为 22°～180°对应的体散射函数 $\beta(\lambda,\theta)$ 随着散射角而变化的曲线，图 7-13（b）为 θ 范围在 90°～180°后向散射部分对应的体散射函数 $\beta(\lambda,\theta)$ 数值。对比分析图中曲线变化可以看到：①三者的体散射函数 $\beta(\lambda,\theta)$ 变化规律是一致的；②含油污水的体散射函数 $\beta(\lambda,\theta)$ 值最小，其次是纯石英砂水样，最大是油砂混合水样。含油污水和纯石英砂水样两者混合后体散射函数明显增大，主要原因是，在含油污染水体中，油滴附着在颗粒物的

表面，增大了颗粒物的粒径，从而改变了体散射函数。

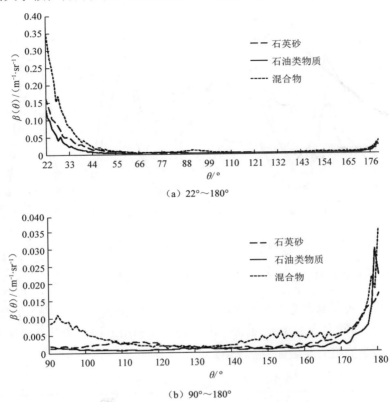

（a）22°～180°

（b）90°～180°

图 7-13　三种类型水样 $\beta(\theta)$ 的变化特征

2. 后向散射系数 $b_b(\lambda)$ 变化特征分析

根据式（7-31）分别计算出纯石英砂水样、纯油污水样、油砂混合水样的后向散射系数 $b_b(\lambda)$。图 7-14 所示为 25 个配比实验样本对应的 $b_b(\lambda)$，是所有波段所有角度的。从图中可以看到：①纯油污水样的后向散射系数 $b_b(\lambda)$ 最小，这是由于纯油污水中主要为分散油（粒径为 10～100μm）、乳化油（粒径为 0.1～10μm）和溶解油（粒径<0.1μm），粒径较小；②纯石英砂水样的后向散射系数 $b_b(\lambda)$ 比纯油污水样的后向散射系数 $b_b(\lambda)$ 大，在实验中，选用的石英砂是 800 目的，对应的粒径为 18μm，远高于纯油污水样本，所以后向散射系数相对高一些；③混合后的油砂样本对应的后向散射系数始终高于纯石英砂和纯油污水的后向散射系数，这主要是由于油砂混合后，油滴附着在悬浮颗粒物表面，增大了颗粒物的粒径，导致后向散射系数增大。

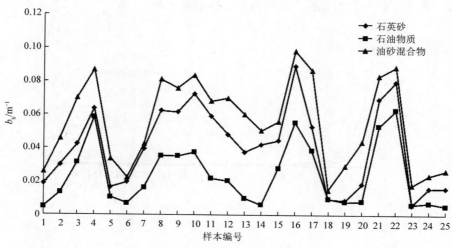

图 7-14 25 个样本对应的后向散射系数

3. 含油污水水样 $b_{b,o}$ 与油砂混合水样 $b_{b,os}$ 的分离算法

为了进一步获取含油污水水样 $b_{b,o}$ 与油砂混合水样 $b_{b,os}$ 的分离算法，将含油污水水样 $b_{b,o}$ 与油砂混合水样 $b_{b,os}$ 做散点图，然后分别用五种方法对该散点图进行关系拟合，得到的拟合系数如表 7-5 所示。

表 7-5 $b_{b,o}$ 与 $b_{b,os}$ 关系拟合结果汇总

拟合方法	关系式	R^2
二项式	$b_{b,o}=-23.648b_{b,os}^2+2.6976b_{b,os}+0.0129$	0.8489
对数	$b_{b,o}=0.0282\ln(b_{b,os})+0.1703$	0.8370
线性	$b_{b,o}=1.2428b_{b,os}+0.026$	0.7835
乘幂	$b_{b,o}=0.4949b_{b,os}^{0.5705}$	0.7342
指数	$b_{b,o}=0.0272\exp(24.327b_{b,os})$	0.6424

从表 7-5 可见，最大二项式的 R^2 最大，为 0.8489；其次是对数关系 $(R^2=0.837)$，两者的 R^2 相差仅 0.011。考虑到在自然界中，变量之间的关系更多是按照对数或乘幂的变化规律，因此采用对数关系将含油污水水样 $b_{b,o}$ 与油砂混合水样 $b_{b,os}$ 分离出来，从而得到油砂混合水体中含油污水的后向散射系数，即

$$b_{b,o}=0.0282\ln(b_{b,os})+0.1703(R^2=0.837,n=25) \qquad (7-32)$$

4. 石英砂水样 $b_{b,s}$ 与油砂混合 $b_{b,os}$ 的分离算法

采用与前面相同的处理方法,将含油污水水样 $b_{b,s}$ 与油砂混合水样 $b_{b,os}$ 做散点图,同样分别用五种方法对散点图进行关系拟合,拟合结果如表 7-6 所示。

表 7-6　$b_{b,s}$ 与 $b_{b,os}$ 关系拟合结果汇总

拟合方法	关系式	R^2
二项式	$b_{b,s} = 3.9122b_{b,os}^2 + 0.4512b_{b,os} + 0.0013$	0.9138
线性	$b_{b,s} = 0.8808b_{b,os} - 0.0079$	0.9067
指数	$b_{b,s} = 0.0074\exp(26.684b_{b,os})$	0.8545
乘幂	$b_{b,s} = 1.4402b_{b,os}^{1.251}$	0.8777
对数	$b_{b,s} = 0.0391\ln(b_{b,os}) + 0.1594$	0.8345

从表 7-6 可见,最大二项式的 R^2 最大,其次是线性关系,两者的 R^2 相差仅 0.0071。如前所述,无石油污染水体,后向散射系数与无机悬浮颗粒物浓度为对数关系,有石油类污染水体中后向散射系数与无机悬浮颗粒物浓度更接近线性关系,因此采用线性关系。由此可以得到,在含油污水水体中,利用下式可以将石英砂水样 $b_{b,s}$ 与油砂混合水样 $b_{b,os}$ 分离出来,从而得到油砂混合水体中石英砂的后向散射系数,即

$$b_{b,s} = 0.8808b_{b,os} - 0.0079 \quad (R^2 = 0.9067, n = 25) \tag{7-33}$$

7.5　结　论

本章根据野外现场获取的实验数据和配比实验数据,对石油类污染水体后向散射特性进行研究,包括石油类污染水体后向散射系数光谱模型的建立、石油类污染水体和非石油类污染水体后向散射系数与总悬浮物浓度的关系模型的建立、石油类单位后向散射系数光谱特性的分析、油砂混合水体后向散射特性分离算法等方面的研究。

研究表明:①在研究区域中,含油水体的后向散射系数从 440 nm 到红光波段大致呈现逐渐减小趋势;②所建立的含油水体后向散射系数光谱模型中,幂函数指数平均值为 0.87,明显不同于其他的 II 类水体区域,这反映幂函数指数具有较强的区域性;③在不含油污染的水体中,后向散射系数与颗粒物浓度呈现对数关系,在有石油类污染水体中两者之间的关系呈现线性关系。

研究还表明,后向散射系数幂律指数 n 随悬浮物浓度的增加而减小的对数变

化规律，并且这一指数 n 也受石油类污染含量影响，但是影响非常小，这一规律符合常见的水体中后向散射系数变化。后向散射系数与悬浮物浓度和石油类污染含量呈不同的变化规律，悬浮物单位后向散射系数变化较稳定，并且随波长增加而减小，440～852nm 波长范围内单位后向散射系数变化在 0.006～0.035 m^2/g，石油类污染单位后向散射系数随着石油类污染含量而变化，呈乘幂规律，这规律与叶绿素单位吸收系数非常相似，石油类污染单位后向散射系数光谱依然是蓝光波段大，红光波段小。

本章提出了将美国 Wyatt 公司生产的 DAWN HELEOS II 18 角度激光散射测量仪、美国 SEQUOIA 公司生产的 LISST-100BX 粒径仪和美国 Hobilabs 公司生产的后向散射仪 HydroScat-6（sprctral backscattering sensor，HS-6）三类仪器联动观测，构成后向散射系数光谱测量系统的新思路。在此基础上：①建立了 DAWN HELEOS II 18 角度激光散射仪测定散射强度对应的电压值 $V(\theta)$ 转化为体积散射函数 $\beta(\lambda,\theta)$ 的关系式；②提出了利用 Mie 散射理论计算未知折射系数物质的体散射函数 $\beta(\lambda,\theta)$ 的一种方法；③进一步论证了在含有石油类污染水体中，油会附着在颗粒物的表面，通过颗粒物对水体后向散射产生影响和作用。

遥感获取的是油砂混合水样的后向散射辐射，用本章提出的油砂混合水体后向散射辐射贡献的分离算法，可以从遥感后向散射中分离出油的贡献，为提高水体固有光学量的研究精度奠定了基础，同时扩大了 Mie 散射理论在水色遥感领域中的应用范围。

第8章 水体石油类污染浓度遥感反演模式

8.1 归一化遥感反射比提取石油类污染浓度模式

在水色遥感中，海水的光学特性可分为固有光学量和表观光学量两大类，表观光学量中的遥感反射比是利用表观光学量反演水体成分浓度的基本物理量。在利用遥感反射比反演水色三要素（叶绿素、黄色物质和悬浮物）浓度时，常用的方法有单波段法、双波段法、三波段法和四波段法（李方等，2011；Dall and Gitelson，2005；Gitelson et al.，2007；姜广甲等，2013）。单波段法或双波段法是利用单个波段或两个波段的遥感反射比组合等形式建立与实测要素浓度值之间的统计模型，这些模型属于经验模型，缺乏一定物理基础。三波段和四波段模型主要针对叶绿素浓度反演而提出，该模型以生物-光学模型为基础，在一定的限定条件下，使用三个或者四个特征波段的组合，利用统计的方法反演叶绿素 a 的浓度。与传统的经验模型相比，具有严谨的理论推导和清晰的物理涵义。

本书的研究表明，石油类污染对水体吸收系数的影响主要通过 CDOM 体现，对水体散射系数的影响主要通过无机悬浮物来体现，因而未形成明显油膜的水中油可看成是水色因子中的一种，可用针对水色三要素开发的遥感生物-光学模型来提取水中石油类污染浓度，但这种方法需要进行繁琐的水中油固有光学量测量。如果能建立仅利用遥感反射比来提取水体石油类污染浓度的模式，不涉及任何固有光学参数，那么该模式将比遥感生物-光学模型更容易应用和推广。

在海洋遥感中，水体分为Ⅰ类水体和Ⅱ类水体。Ⅱ类水体主要包括内陆水体和近海水体，Ⅱ类水体光学特性复杂，空间变异性较大，对传感器提出了更高的要求，需要较高的光谱分辨率、空间分辨率和时间分辨率。美国陆地卫星 Landsat 8 于 2013 年 2 月 11 号成功发射，其上携带的 OLI（operational land imager，陆地成像仪）具有 8 个多光谱波段和 1 个全色波段，在可见光和近红外波段，波谱分辨率变化范围为 20～75nm，空间分辨率为 15m，辐射分辨率为 16bit，时间分辨率为 16 天，在一些区域，时间分辨率可为 7～9 天。因而在空间分辨率、水色波段设置、辐射灵敏度等方面具有非常明显的优势，可用于Ⅱ类水体水质状况的遥感监测。

8.1.1 归一化遥感反射比指数 NDPRI

在 "5.4.3 Landsat 8/OLI 对应光谱数据归一化特征分析"中，已经明确指出含油水样和无油水样在蓝色波段的归一化遥感反射比差别不大，含油水样在绿色和红色波段的归一化遥感反射比明显低于无油水样，含油水样的归一化遥感反射比在近红外波段随着石油类污染浓度的增加而增加，呈现出较好的线性关系，无油水样的归一化遥感反射比反而下降非常快。根据含油水样和无油水样在近红外和红光波段的这些特征差异，提出水体石油类污染归一化遥感反射比指数 NDPRI（normalized difference petroleum remote sensing reflectance index），即绿色波段归一化遥感反射比与近红外波段归一化遥感反射比的差值比上两者之和，其计算公式为

$$\text{NDPRI} = \frac{R'_{\text{rs,G}} - R'_{\text{rs,NIR}}}{R'_{\text{rs,G}} + R'_{\text{rs,NIR}}} \tag{8-1}$$

式中，NDPRI 是归一化遥感反射比指数（无量纲）；$R'_{\text{rs,G}}$ 是绿光波段 G（green band）的归一化遥感反射比（无量纲），即 Landsat 8/OLI 对应的波段（b3）的归一化遥感反射比；$R'_{\text{rs,NIR}}$ 是近红外波段 NIR（near infrared band）的归一化遥感反射比（无量纲），即 Landsat 8/OLI 对应的波段（b5）的归一化遥感反射比。

根据现场测定的 58 个样本数据和 Landsat 8/OLI 遥感图像上选择的 60 个水样数据，首先将样本分为含油样本和无油样本，然后代入式（8-1），分别计算得到含油样本和无油样本的 NDPRI 值，最后确定含油情况下 NDPRI 的阈值为 0.45，换句话说，当计算对应遥感图像的像元，其 NDPRI 值小于 0.45 时，就认为该像元有石油类污染。

NDPRI 指数对于水体石油类污染浓度专题图的制作将起着重要的作用。有了这个指数，可先对每个像元是否有石油类污染进行判断，相当于进行一次筛选工作。在确定像元有石油类污染的基础上，再根据相应的模型进行石油类污染浓度的反演，这将极大地提高石油类污染浓度的反演精度。

8.1.2 石油类污染浓度提取模式的建立

利用本书配比实验获取的数据，以及现场测定的数据，代入式（8-1），计算出 NDPRI 的数值，并将这些数值与相应的石油类污染浓度分别建立乘幂、线性、对数和指数等相关模型，如表 8-1 所示。

表 8-1 NDPRI 与水体石油类污染浓度的关系模式（样本数 n=58）

模式类型	乘幂	线性	对数	指数
表达式	$y = 0.2664x^{-2.0682}$	$y = -24.114x + 12.126$	$y = -7.4629\ln(x) - 4.6031$	$y = 33.462e^{-7.1543x}$
R^2	0.8492	0.8866	0.9389	0.9190

分析表 8-1 可见，在石油类污染浓度与 NDPRI 的关系模型中，对数关系的 R^2 最高，为 0.9389，线性、乘幂和指数关系模型的 R^2 分别为 0.8866、0.8492 和 0.9190，故选择对数模式作为 NDPRI 反演水体石油类污染浓度的遥感模式，得到

$$y = -7.4629\ln(x) - 4.6031 \tag{8-2}$$

式中，y 为水体石油类污染浓度（mg/L）；x 为 NDPRI 的值（无量纲）。

利用归一化遥感反射比反演水体石油类污染浓度的流程图如图 8-1 所示。利用归一化遥感反射比反演水体石油类污染浓度的流程归纳为：首先进行遥感图像的预处理（辐射校正和大气校正），其次计算 NDPRI，根据 NDPRI 的数值判断是否有石油类污染。即采用式（8-2）计算出石油类污染浓度数据，最后制作出石油类污染浓度专题图。

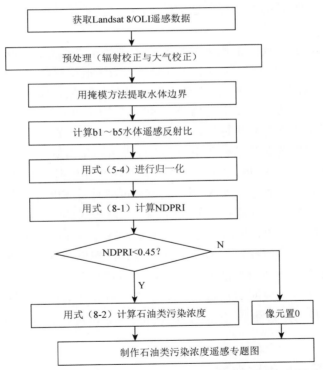

图 8-1　基于 NDPRI 提取 Landsat 8/OLI 遥感图像石油类污染浓度的流程图

8.1.3　模式反演结果精度分析

2014 年 5 月至 8 月，考虑到与 Landsat 8/OLI 过境的时间上的同步问题，在每一次过境时，仅采集污水处理厂或确定有石油类污染水域的 1 个水样进

行分析，得到相应的石油类污染浓度实测值，并利用式（8-2）计算出对应遥感图像的估算值，计算结果如表 8-2 所示。根据遥感模式计算的结果整体都小于实测值，相对误差为 13.5%，表明所建立的模式具有良好的石油类污染浓度反演精度。

表 8-2　水中石油类污染浓度估算值误差　　　　（单位：mg/L）

日期	2014/5/10	2014/5/26	2014/6/11	2014/6/27	2014/7/13	2014/7/29	2014/8/14
实测值	8.92	2.37	1.32	4.51	0.9	1.01	1.28
估算值	9.67	2.81	1.51	5.12	1.21	1.29	1.45
差值	−0.75	−0.44	−0.19	−0.61	−0.31	−0.28	−0.17

8.2　水体石油类污染生物-光学遥感反演模型

前面已经提到，现行的国内外水体石油类污染遥感监测主要集中于海面油膜探测，对于未形成明显油膜的水体石油类污染情况研究较少，本节将石油类污染作为新的水色因子引入生物-光学遥感定量反演模型，实现利用生物-光学模型反演水体石油类污染。要用生物-光学模型反演水体石油类污染浓度，必须先确定石油类污染的固有光学特性，本节在 6.2 节和 7.3 节的基础上，以前人的研究为基础，在生物-光学机理模型中引入石油类污染作为新的水色因子，根据现场观测实验和石油类污染物配比实验中获取的光学特性数据及生物化学特性数据，建立水体石油类污染生物-光学模型，该模型可同时反演出石油类污染、叶绿素、黄色物质和悬浮泥沙，拓展了生物-光学模型在环境遥感中的应用。

在具体求解过程中，采用准分析算法（QAA）。其核心思想是通过确定一个参考波段的吸收系数 $a(\lambda_0)$、后向散射系数 $b_b(\lambda_0)$ 和后向散射系数的幂律指数 Y，从而获得总吸收系数和后向散射系数光谱，再依据其他限定条件求取色素颗粒物吸收系数 $a_{ph}(\lambda)$、碎屑与黄色物质的吸收系数 $a_{dg}(\lambda)$ 和石油类污染的吸收系数 $a_{oil}(\lambda)$，然后再通过生物-光学模型计算叶绿素浓度、悬浮物浓度和石油类污染浓度。

8.2.1　转化遥感反射比数据

根据式（2-24），可将传感器接收到的光学参数 R_{rs}（遥感反射比）转化为吸收系数 $a(\lambda)$ 和后向散射系数 $b_b(\lambda)$。由于吸收系数和后向散射系数都是水下的物理量，所以将水面之上的遥感反射比在水/气界面反射和折射过程中转化为刚好在水面之下的遥感反射比 $r_{rs}(\lambda)$，即

$$r_{rs}(\lambda) = \frac{R_{rs}(\lambda)}{T + \gamma Q R_{rs}(\lambda)}$$ 　　　　　(8-3)

式中，$T = t\_t_+/n^2$，$t\_$ 为从水面之下到水面之上的辐亮度透过率，t_+ 为从水面之上到水面之下的辐亮度透过率，n 为水的折射指数；r 为水/气界面水下的反射率，Q 为水/气界面处上行辐照度与上行辐亮度的比值。通过 Hdrolight 软件模拟的 R_{rs} 和 r_{rs} 数值，发现对于天底观测角的光学深水 $T \approx 0.52$，$\gamma Q \approx 1.7$，则根据式（8-3）可计算得到式（6-11），从而实现利用遥感反射比计算出水遥感发射比 $r_{rs}(\lambda)$。

8.2.2　计算固有光学量

通过式（6-11）～式（6-15）可以计算得到 $b_b(555)$，即得到另外一个参数。由（6-17）可见，只要确定了 555nm 的吸收系数，其他则可确定。$a(555)$ 的估算是本研究的基础，通过对比发现，别人的经验参数不适用本研究。观察实测数据，对于双台子河水体，$a(555)$ 的变化区间在 $2.6 \sim 3\text{m}^{-1}$，数值具有比较强的稳定性，取 $a(555) = 0.0592 + 2.6 + 0.4\mathcal{R}$，$\mathcal{R}$ 为 0～1 的随机数。在此基础上采用经过改进的 Lee 的模型，即式（6-16）来计算幂律指数 Y，利用到 440nm 和 555nm 两个波段的遥感反射比数据，幂律指数 Y 随水体的不同有地域特征，取值在 0（近岸水体）到 2（大洋水体）之间变化。然后利用已经估算出来的 $b_b(555)$ 和幂律指数 Y，通过式（6-18）计算颗粒物后向散射系数光谱。最后根据式（6-19）可计算出水体总吸收系数光谱。

8.2.3　分离吸收系数

在根据式（6-19）计算出水体总吸收系数光谱后，需要进一步分离水色要素的吸收系数，具体步骤如下：

（1）根据式（6-21）～式（6-23）估算 440nm 处的碎屑和 CDOM 吸收系数；

（2）根据下式计算 440nm 处色素吸收系数，即

$$a_{ph}(440) = a(440) - a_w(440) - a_{d/g}(440)$$ 　　　　　(8-4)

（3）计算色素吸收系数光谱，即

$$a_{ph}(\lambda) = \{a_0(\lambda) + a_1(\lambda)\ln[a_{ph}(440)]\}a_{ph}(440)$$ 　　　　　(8-5)

（4）计算碎屑与黄色物质吸收系数，即

$$a_{d/g}(\lambda) = a(\lambda) - a_{ph}(\lambda) - a_w(\lambda)$$ 　　　　　(8-6)

（5）估算碎屑与黄色物质系数光谱斜率，即

$$S_{d/g} = \ln \frac{\dfrac{a_{d/g}(\lambda)}{a_{d/g}(440)}}{440 - \lambda}$$ （8-7）

（6）估算石油类污染的吸收系数和光谱斜率，根据本书的研究，石油类污染吸收系数 $a_{oil}(\lambda)$ 的参数化模型为

$$a_{pe}(\lambda) = a_{pe}(440) \exp\left[-S_{pe}(\lambda - 440)\right]$$ （8-8）

根据实验数据得到参考波段的吸收系数 $a_g(440)$ 及光谱斜率 S 带入式（8-8），即可求出。

8.2.4 水色要素反演

得到各分量的吸收系数后，可以通过叶绿素吸收系数模型、后向散射系数模型以及石油类污染浓度与吸收系数和后向散射系数的关系计算出相应的叶绿素浓度、悬浮物浓度、石油类污染浓度等信息。

根据 6.2.1 小节中"1. 叶绿素"部分的内容，可利用式（6-1）估算出叶绿素浓度。一般认为，泥沙的光谱散射满足式（7-2）所示的关系，其后向散射系数 $b_p(\lambda)$ 可通过下式求出：

$$b_p(\lambda) = b_p(442)\left(\frac{\lambda}{442}\right)^{-n}$$ （8-9）

随水体的不同，后向散射系数 $b_p(\lambda)$ 与 n 有以下规律：

（1）对于 II 类水体（如近岸），$n=0$，$b_p(\lambda)$ 为 0.01～0.033；

（2）对于高叶绿素浓度的 I 类水体，$n=1$ 或 $n=2$，$b_p(\lambda) \leqslant 0.005$；

（3）对于贫瘠的 I 类水体，$n=2$，$b_p(\lambda)$ 为 0.01～0.025。

根据本书的研究，石油类污染单位后向散射系数与石油类污染浓度的关系可用式（7-9）求解。

8.2.5 反演模型验证

利用 2008 年 5 月和 2009 年 8 月在自然河水中测定的石油类污染浓度，及水体固有光学参数，求解整个生物-光学模型，得到石油类污染浓度的估算值。31 个样本石油类污染浓度的实测值和估算值如图 8-2 所示，从图中可见，估算值和实测值相当接近，其相对误差为 6.8847%。这表明生物-光学模型作为水体石油类污染浓度遥感反演模式，其反演的结果精度较高，这为利用遥感手段估算水体石油类污染浓度提供了一种新的方式。

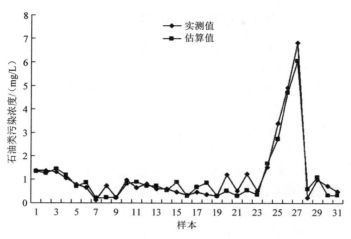

图 8-2 石油类污染浓度实测值与模式估算值的比对

8.3 利用 CDOM 提取石油类污染浓度模型研究

如前所述，有色可溶性有机物 CDOM，又称黄色物质（yellow substance 或 gelbstoff），是水色遥感的三大水色要素之一。目前 CDOM 水色遥感研究主要集中在表征 CDOM 吸收光谱特征模型的建立和利用波段比反演其浓度方面。在水色遥感领域，一般用 $a_g(440)$ 来表征水体中 CDOM 浓度，用光谱斜率 S 表征 CDOM 吸收光谱的衰减程度。已有研究表明，光谱斜率 S 与 CDOM 的浓度无关，但与组成成分、光谱指数模型建立时的模拟波段范围和参考波长的选择有关。根据 "6.1.3 石油类污染对色素吸收特性的影响" 讨论结果，在石油类污染水体中，CDOM 的吸收系数的振幅会随着石油类污染浓度的增加而增大，光谱形状不变，依然遵循指数衰减规律，但光谱斜率 S 会发生改变，这表明石油类污染与 CDOM 浓度和光谱斜率 S 有密切的关系，因而利用 CDOM 的光学特征参数来反演水体石油类污染浓度具有可行性（Huang et al.，2014c）。

CDOM 是溶解性有机物的重要组成部分，存在于所有水体，其主要来源有两种方式：一种是水体浮游植物自身降解的产物，另一种是陆源溶解性有机物。本书主要针对由水体石油类污染构成的 CDOM 展开研究，为此，分别于 2008 年 5 月、2009 年 8 月和 2010 年 6 月从辽宁省盘锦市辽河油田污水处理厂的污水池中取自然污水（可排除浮游植物降解物质的影响），将污水进行颗粒物过滤，去除有机叶绿素颗粒物和无机悬浮泥沙颗粒物，以保证所获取的样本只剩下水和油（表现为 CDOM）。在实验过程中，采用 "模拟污染" 和 "模拟净化" 两种方式，用纯净水、自来水、河水、海水作为本底，与过滤后的自然污水进行配比实验，获取不同污染浓度的水样样本。

8.3.1 石油类污染水体 CDOM 吸收系数分布特征

利用不同水样作为本底进行配比实验获取的 CDOM 吸收系数分布特征如图 8-3 所示,对应样本的石油类污染浓度如表 8-3 所示。图 8-3 中 A 系列是用自来水与过滤污水配比,CDOM 仅由石油类污染组成;B 系列是用蒸馏水与过滤污水配比,CDOM 仅由石油类污染组成;C 系列是用过滤海水与过滤污水配比,CDOM 由叶绿素降解和石油类污染共同组成;CD 系列是用自然河水与过滤污水配比,CDOM 由叶绿素降解、悬浮泥沙携带和石油类污染共同组成。由图 8-3 可见,石油类污染水体 CDOM 吸收系数依然呈 e 指数衰减趋势,而且随着石油类污染浓度的增加,光谱斜率明显改变,在 440nm 处的吸收系数也明显增加。需要说明的是,A3、B5、C2 的石油浓度基本相同(4~5mg/L),但不同本底值测定的吸收系数并不相似,这主要是因为在测量过程中,假设石油类污染是黄色物质的一个组成部分(同为有机物),因此不同的本底对吸收系数有不同的贡献,最终表现为不同的吸收系数。另外,图 8-3(d)中吸收系数看似并不随波长呈 e 指数衰减,实际上这部分数据可能是受样品温度的影响,按 e 指数拟合其 R^2 依然在 0.98 以上。

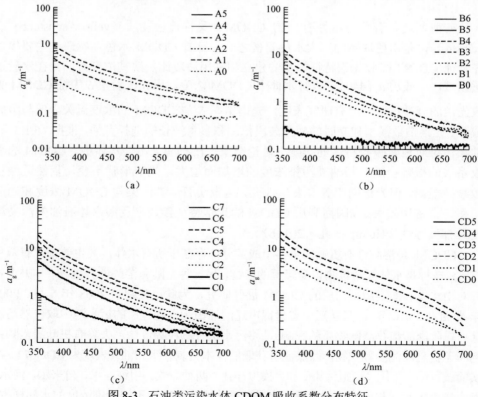

图 8-3 石油类污染水体 CDOM 吸收系数分布特征

表 8-3　样本对应的石油类污染浓度

样本编号	石油类污染浓度 / （mg/L）	样本编号	石油类污染浓度 / （mg/L）	样本编号	石油类污染浓度 / （mg/L）
A0	0	B3	1.983	C5	12.291 3
A1	1.203	B4	2.455 938	C6	15.134 09
A2	1.882 157	B5	4.126 75	C7	17.190 48
A3	4.252	B6	10.576 92	CD0	0.251 029
A4	5.102 941	C0	0.411 642	CD1	1.006
A5	11.141 18	C1	2.770 833	CD2	3.181 579
B0	0	C2	4.644	CD3	4.947 143
B1	1.409	C3	6.206 897	CD4	5.254 412
B2	2.155 814	C4	6.993 333	CD5	6.459 091

　　四种配比实验获取的 CDOM 数据 $a_\mathrm{g}(440)$ 与石油类污染浓度 C_petr 的关系图如图 8-4 所示，由图可见，随着石油类污染浓度的增加，$a_\mathrm{g}(440)$ 增加，而且呈线性增长的关系，相关性在 0.83 以上，这说明利用 CDOM 的光吸收特性参数 $a_\mathrm{g}(440)$来反演石油类污染的浓度是可行的。

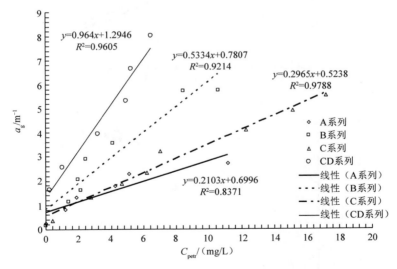

图 8-4　$a_\mathrm{g}(440)$ 与石油类污染浓度的散点关系

8.3.2　石油类污染光谱斜率 S 的确定

　　利用 2009 年 8 月和 2010 年 6 月共 28 个配比实验样本，参考波段 λ_0 取 440nm，代入式（6-7）中，拟合出有石油类物质的水体指数光谱斜率 S。样本 B6 和 C5 的

S 拟合曲线如图 8-5 所示，拟合的 S 值与相关系数 R^2 的散点图如图 8-6 所示，其中非菱形样点为四个本底值拟合的 S，菱形样点（◆和◇）为去除本底值后，有石油类污染的水体拟合 S 值，空心菱形（◇）样点是仅有石油类污染的样本。从图 8-6 可见，纯净水（方框■）和自来水（星形※）的 S 值都比较低，过滤海水（实心▲）的 S 值居中，而有石油类污染的自然河水（圆形●）本底值拟合的 S 值最大，表明有石油类污染时，水体的吸收曲线会变陡。另外，拟合的 S，其 R^2 基本都在 0.9以上。进一步对有石油类污染的水体 S 拟合值进行统计分析，本实验获取的石油类污染水体的指数光谱斜率 S 的范围为 $0.0086 \sim 0.014 \mathrm{nm}^{-1}$，平均值为 $0.010\ 892 \mathrm{nm}^{-1}$，标准差为 $0.183\ 736 \mathrm{nm}^{-1}$。

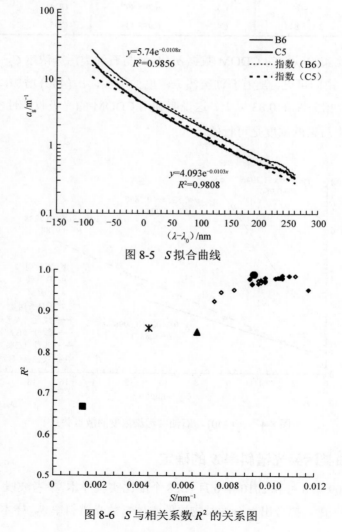

图 8-5　S 拟合曲线

图 8-6　S 与相关系数 R^2 的关系图

8.3.3 基于 CDOM 吸收光谱特性反演水体石油类污染模式

$a_g(440)$ 一般用来表征 CDOM 的浓度，$a_g(440)$ 与石油类污染浓度的相关系数在 0.83 以上有关，S 的变化主要取决于 CDOM 的组成成分，因而利用 CDOM 光吸收特性建立水体石油类污染遥感反演模式，要综合考虑两者才有可能提高反演精度。

水体石油类污染浓度与 S 和 $a_g(440)$ 各种组合相关系数如表 8-4 所示。从表中可见，石油类污染浓度与 $S \cdot a_g(440)$ 的相关性最高，相关系数为 0.835172，故选用这种组合作为自变量，来建立反演水体石油类污染浓度的模式。

表 8-4 水体石油类污染浓度与黄色物质吸收光谱特征参量组合的相关系数

$S + a_g(440)$	$S \cdot a_g(440)$	$S / a_g(440)$
0.817764	0.835172	0.732592

$S \cdot a_g(440)$ 与石油类污染浓度建立的各种关系模型如表 8-5 所示，可见石油类污染浓度与 $S \cdot a_g(440)$ 的关系模型中，乘幂关系的 R^2 最高，为 0.7418，线性、对数和指数关系模型的 R^2 均小于 0.7，故选择 R^2 最高的乘幂作为基于 CDOM 吸收光谱特性反演水体石油类污染模式，即

$$y = 127.566x^{1.3288} \tag{8-10}$$

式中，y 为水体石油类污染浓度（mg/L）；x 为 $S \cdot a_g(440)$，$a_g(440)$ 和 S 的含义同前，$S = 0.010892$。

表 8-5 黄色物质光吸收特性与水体石油类污染浓度的关系模型（样本数 $n=28$）

模型类型	乘幂	线性	对数	指数
表达式	$y = 127.566x^{1.3288}$	$y = 240.64x - 0.5815$	$y = 5.7608\ln(x) + 27.858$	$y = 1.4527e^{40.796x}$
R^2	0.7418	0.6974	0.6180	0.6989

8.4 小 结

本章在对水体石油类污染表观光学特性、吸收特性和散射特性进行分析的基础上，介绍了三种方式建立的水体石油类污染浓度遥感提取模式，为水体石油类污染的识别奠定了基础，为从遥感技术角度有效而准确地监测水体石油类污染的变化过程、移动路径、空间分布规律等方面提供了技术方法。

在对配比实验现场测定的遥感反射比、模拟的 Landsat 8/OLI 传感器 b1～b5 波段遥感反射比、在含油污水池过境的 Landsat 8/OLI 遥感反射比三类数据进行归

一化处理的基础上，揭示了归一化后含油水体与无油水体的遥感反射比特征。提出了水体石油类污染归一化遥感反射比指数 NDPRI，建立利用 NDPRI 来反演水中石油类污染浓度遥感模式。在应用于 Landsat 8/OLI 数据源时，首先依据 NDPRI 计算值确定相应像元是否存在石油类污染，如果存在，再利用所建立的水中油提取模型进行石油类污染浓度的计算。这种建立仅利用遥感反射比来提取水体石油类污染浓度的模式比利用固有光学量的遥感模式更具业务化应用的优势。本章所提出水体石油类污染归一化遥感反射比指数 NDPRI 将起抛砖引玉的作用，为今后相关的研究奠定实验基础。

本章主要利用实验数据，在已有的生物–光学模型的基础上，将石油类污染作为新的水色因子引入，建立了利用表观反射率反演 CDOM 在 440nm 处吸收系数的遥感模式，并且分别建立了水体石油类污染的吸收系数和后向散射系数参数化模型，拓展了生物–光学模型在水色遥感中的应用范围。也为利用遥感方法监测水体石油类污染浓度提供了一种新的技术手段。将上述模型应用于相应的遥感数据，即可得到区域水体石油类污染浓度空间和时间分布现状。

通过野外配比实验，提出了基于 CDOM 吸收光谱特性反演水体石油类污染遥感模式。该模式简单易操作，也比较适合作为业务化运行模型。只要利用遥感反射比求出 CDOM 的浓度 $a_g(440)$，以及确定一个区域的指数光谱斜率 S，就可求出水体石油类污染浓度。该模式的建立可推进水色遥感在水环境污染组分监测中的应用，为利用遥感技术手段监测水体石油类污染提供了一种方法。

第 9 章　水体石油类污染荧光遥感特征

9.1　问题的提出

考虑到水体石油类污染提供的离水辐射信息较微弱，为了提高反演精度，可考虑结合其他信息源。从前人的研究成果发现，石油类污染中的非饱和烃及其衍生物具有荧光特性，如果在遥感模型反演的结果中，再考虑石油类污染的荧光特性，可进一步提高反演精度。利用物质的荧光特性结合遥感技术来探测物质的浓度和是否存在的研究越来越引起人们的重视。在石油的应用方面，主要是利用荧光特性录井，以及利用荧光探测油膜。在油膜监测主要是利用激光作为诱导（主动式），利用自然光作为诱导（被动式）的很少。为了充分利用光学传感器，研究自然光条件下石油类污染的荧光特性是很有意义的。

已有的研究表明，石油类污染对水体吸收系数的影响主要通过黄色物质（可溶性有机物，CDOM）体现，在石油类污染水体中，CDOM 的吸收系数的振幅会随着石油类污染浓度的增加而增大，光谱形状不变，依然遵循指数衰减规律，但光谱斜率 S 会发生改变，这表明石油类污染与 CDOM 浓度和光谱斜率 S 有密切的关系（黄妙芬等，2010b），由于两者具有相似的吸收光谱曲线，显然要提高水体石油类污染浓度的遥感反演精度，必须寻找将两者区分开来的方法。

9.2　特征数据的获取方法

对采集和配比的水样进行不同处理，得到三种不同类型的样本。首先，对采集的海水或淡水样本直接过滤，得到不含石油类污染的 CDOM 样本；其次，将采集到的含油污水与采集的海水或淡水按一定比例进行混合配比，然后过滤混合液，得到同时含石油类污染和 CDOM 的样本；最后，将过滤得到的混合液进一步用正己烷萃取，得到仅含石油类污染的样本。在过滤时使用孔径 0.20μm 的聚碳酸酯膜，在用正己烷进行萃取时先对正己烷进行蒸馏提纯。

分别测定三种类型的样本的吸收光谱和荧光图谱，对于含石油类污染和 CDOM 的混合液同时测定石油类污染浓度。吸收光谱测定采用日本日立 UV-3900 可见光分光光度计，测定时波长设置为 250～800nm，样品的制备、测量和分析过程都遵循 NASA 水色观测规范。荧光分析使用日本岛津 RF-5301 荧光分光光度计，测定时激发和发射单色仪的狭缝宽度均设为 5nm，激发波长（excitation wavelength，Ex）设置为 220～400nm，发射波长（emission wavelength，Em）设置为 250～600nm。石油类污染浓度的测定采用红外分光法，根据《水质 石油类和植物油的测定 红外光度法》（GB/T16488—1996）标准，所使用仪器为吉林市北光分析仪器厂生产的 JDS-107U 多功能红外测油仪。

在进行实验之前，对相关测量仪器进行检测或定标处理。另外由于瑞利散射和拉曼散射的存在，在以 Milli-Q 水为参比时，会出现较强的散射峰，从而掩盖 CDOM 的荧光峰，因而需对测量的荧光数据进行校正，本书的校正方法是 Delaunay 三角形内插值法。

9.3 CDOM 和石油类污染主要荧光成分

9.3.1 CDOM 主要荧光成分

CDOM 是溶解性有机物的重要组成部分，存在于所有水体中。天然环境中，CDOM 主要来源有两种，一种是水体浮游植物自身降解的产物，另一种是陆源溶解性有机物。由于水体中 CDOM 的来源各异，成分复杂，荧光成分往往不同（Boehme et al.，2004；Chena et al.，2004；韩宇超和郭卫东，2008；钟润生等，2008；刘明亮等，2009；段洪涛等，2009；Zhang et al.，2010；郭卫东等，2005），因而荧光图谱（包括荧光峰的位置和荧光强度）也不尽相同，可利用这些特性来判断水体的有机污染程度来源的 CDOM 也具有各自的荧光特征。CDOM 几种典型荧光成分的荧光位置如表 9-1 所示，CDOM 成分中，来自陆源的腐殖酸有两个荧光峰，富里酸有一个荧光峰，来自海水浮游植物自身降解的酪氨酸和色氨酸都有两个荧光峰，这为水体 CDOM 成分的判定提供了很好的依据。

表 9-1 CDOM 几种主要荧光成分荧光位置

CDOM 成分	激发波长 Ex/nm	发射波长 Em/nm	来源
腐殖酸	320～340	410～430	陆源
	370～390	460～480	
富里酸	237～260	400～500	陆源
酪氨酸	275	310	海水浮游植物自身降解
	225～237	310～320	
色氨酸	270	340	海水浮游植物自身降解
	225～237	340～381	

9.3.2　石油类污染主要荧光成分

石油类污染主要由烷烃、环烷烃和芳香烃等烃类物质组成，同时还有一些非烃类组分，其中的非饱和烃及其衍生物具有荧光特性。对于不同种类油品的荧光分析工作已经有不少研究（黄妙芬等，2015b；Patricia et al.，2011；冯巍巍等，2011；吴静等，2012；曹志奎，董献堆，2005；赵冬至等，2006；孙培艳等，2007；朱桂海，1987；刘伟等，2004），表 9-2 为石油类污染几种典型荧光成分的荧光位置。如表 9-2 所示，芳香烃荧光物质主要有酚类、二氯苯、苯，其中苯就具有 3 个明显的荧光峰，酚类和二氯苯主要有两个荧光峰，烷烃类主要有一个荧光峰，这些荧光峰特征为水体石油类污染的监测和来源的跟踪提供了荧光"源"。在实际生活中，采油污水和炼油污水排入自然水体后，往往是 CDOM 和石油类污染的荧光成分共存，关于这方面的研究鲜见报道。再者由于 CDOM 和石油类污染都含有荧光特性的组分，在含石油类污染的水体中，如果 CDOM 和石油荧光成分的荧光图谱各自特征明显的话，那么有望综合利用荧光技术与吸收光谱特性的组合，将两者区分开来，因而研究含石油类污染的水体的荧光图谱具有重要的意义。

表 9-2　石油类污染几种主要荧光成分荧光位置

石油类成分	激发波长 Ex/nm	发射波长 Em/nm	来源
	270～280	300～330	酚类、二氯苯、苯
芳香烃	220～235	280～310	酚类、二氯苯、苯
	230	350	苯
烷烃	220～230	350～360	戊烷、己烷、环己烷、十六烷、异辛烷

9.4　水体石油类污染荧光特征

9.4.1　自然水体 CDOM 荧光特征

渤海和黄海海水 CDOM 荧光图谱如图 9-1 所示，可以看出，两个地方的海水 CDOM 荧光图谱都有明显的三个峰值，位置分别记为 A、B、C。A 峰荧光位置为 Ex：225～230nm，Em：320～330nm；B 峰荧光位置为 Ex：280nm，Em：340nm；C 峰荧光位置为 Ex：225～240nm，Em：430～470nm。参照表 9-1，A 峰为酪氨酸的第 2 个荧光峰，B 峰为色氨酸的第 2 个荧光峰，C 峰为富里酸荧光峰，C 峰明显弱于 A 和 B 峰，表明所采集的黄海水样主要荧光成分来自浮游植物自身降解，受陆地的影响较小，可以作为海水典型 CDOM 本底样本值。凌水水库和西山水库淡水水样 CDOM 荧光图谱如图 9-2 所示，有 2 个明显的荧光峰，分别用 D、E 标出。D 峰荧光位置为 Ex：240～260nm，Em：420～450nm；E 峰荧光位置为 Ex：

310～350nm，Em：420～440nm。参照表 9-1，D 峰为富里酸的荧光峰，E 峰为腐殖酸的第一个荧光峰，表明所采集的淡水水样主要荧光成分来自陆源物质，水体基本没有受其他污染成分影响，可以作为淡水典型 CDOM 本底样本值。另外，从图 9-1 和图 9-2 可以看到，A 峰和 D 峰的等值线比较密集，荧光强度要高于其他位置的荧光峰。

由于水体中 CDOM 的来源各异，成分复杂，确定其浓度比较困难，因而往往是借助吸光法 CDOM 测量仪测量吸收光谱曲线，并用其吸收系数等光学特性来表示其浓度，例如，常利用 355nm、375nm 和 440nm 处的吸收系数来表示其浓度（单位为 m^{-1}）。这三个波段处 CDOM 的吸收系数如表 9-3 所示，在这三个波段处，海水的 CDOM 浓度明显低于水库淡水。凌水水库水样在三个波段的吸收系数最强，西山水库水样次之，再次为黄海水样，最后是渤海水样。对应图 9-1 和图 9-2 可以看到，这些水样的荧光强度排列顺序正好也是凌水水库水样>西山水库水样>黄海水样>渤海水样。

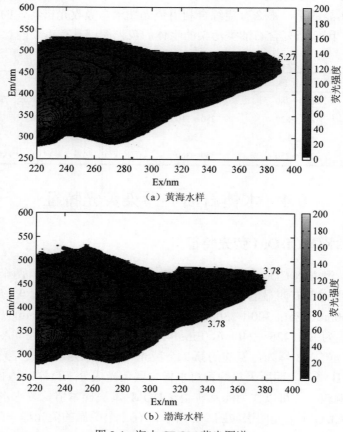

（a）黄海水样

（b）渤海水样

图 9-1 海水 CDOM 荧光图谱

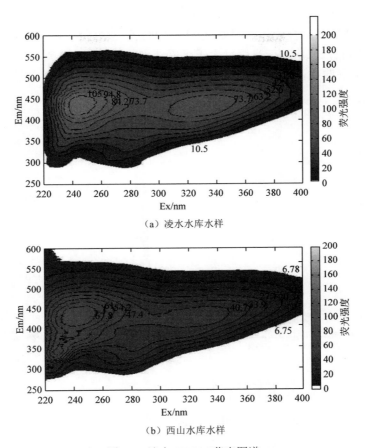

（a）凌水水库水样

（b）西山水库水样

图 9-2 淡水 CDOM 荧光图谱

表 9-3 自然水体样本 CDOM 的浓度 （单位：m^{-1}）

样本名称	355nm	375nm	440nm
黄海水样	0.997	0.711	0.236
渤海水样	0.723	0.500	0.206
凌水水库水样	8.182	5.673	1.780
西山水库水样	3.588	2.477	0.785

以 225nm 为激发峰获取的自然水体发射光谱曲线如图 9-3 所示。由图 9-3 可见，淡水在 225nm 作为激发峰时，仅有一个荧光峰，位于 430～470nm，而海水有两个荧光峰，一个位于 325～350nm，另一个位于 430～470nm。可见对于自然水体来说，无论海水还是淡水，在 225nm 作为激发峰时，在 430～470nm 处都有一

个荧光峰，该峰正好位于大多数水色遥感卫星所设置的波段范围内，这为利用可见光卫星遥感数据结合荧光探测 CDOM 光学特性提供了依据。从荧光强度来看，在 430～470nm，海水的荧光强度大于水库淡水的荧光强度，对照表 9-1，在 440 nm 处海水的吸收系数要小于水库水的吸收。

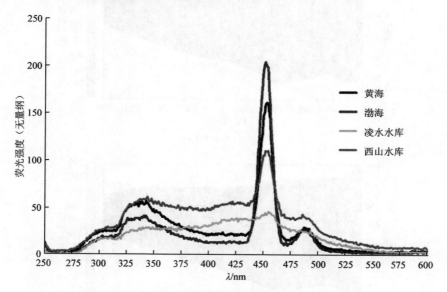

图 9-3　自然水体发射光谱曲线（225nm 为激发波段）

9.4.2　石油污水中提取的石油烃荧光特征

用正己烷从混合水样中萃取的石油类污染对应的荧光图谱如图 9-4 所示，在去除 CDOM 的影响后，油样自身的荧光峰位置明显呈现出来。总体来看，图 9-4 中（a）和（b）和呈现双峰型，图 9-4 中（c）和（d）呈现单峰型，图 9-4 中（e）和（f）呈现三峰型。图 9-4 中（a）～（f）在 Ex 为 220～240nm、Em 为 320～340nm 处具有一个共同的峰值，记为 A 峰；图 9-4 中（a）、（b）、（e）和（f）在 Ex 为 270～290nm、Em 为 310～340nm 处具有另外一个峰值，记为 B 峰；图 9-4 中（e）和（f）在 Ex 为 220～235nm、Em 为 280～310nm 处具有第三个峰，记为 C 峰。参照表 9-2，A 峰主要与烷烃和苯有关，B 峰和 C 峰主要与二氯苯、苯和苯酚有关。图 9-3 中（e）和（f）样本为炼油污水，其三个峰值与吴静等针对中国石油天然气股份有限公司的某大型控股子公司的炼油废水处理系统的炼油污水的分析结果是一致的。图 9-4 中（a）～（d）样本为直接的采油污水，很显然，其峰值位置与炼油废水不同。

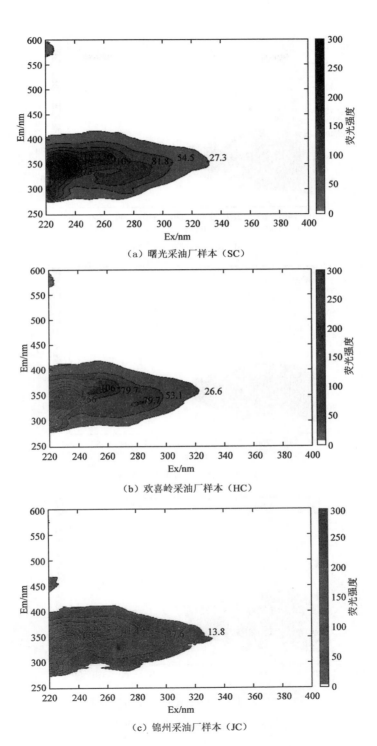

（a）曙光采油厂样本（SC）

（b）欢喜岭采油厂样本（HC）

（c）锦州采油厂样本（JC）

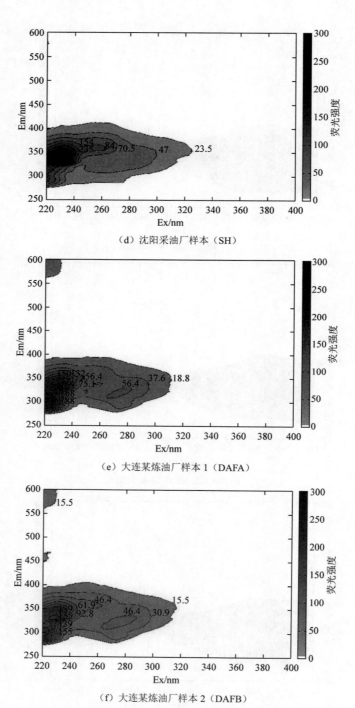

（d）沈阳采油厂样本（SH）

（e）大连某炼油厂样本 1（DAFA）

（f）大连某炼油厂样本 2（DAFB）

图 9-4　石油污水中石油烃荧光图谱

对混合水样测量的石油类污染浓度如表 9-4 所示，这 6 个水样的石油类污染浓度差别不大，但图 9-4（a）中 A 峰值强度大于其他 5 个样本，呈现一个平台，图 9-4 中（b）、（c）和（d）的 A 峰呈现哑铃形状，图 9-4 中（e）和（f）中 A 峰呈现椭圆形状。

表 9-4　图 9-4 对应样本石油类污染浓度　　　　（单位：mg/L）

曙光采油厂样本	欢喜岭采油厂样本	锦州采油厂样本	沈阳采油厂样本	大连某炼油厂样本 1	大连某炼油厂样本 2
0.9	1.1	0.7	0.9	0.7	0.9

另外，对比图 9-1 和图 9-4，海水中 CDOM 的 A 峰与石油类污染的 A 峰位置基本一致，海水中 CDOM 的 B 峰与图 9-4 中（a）、（b）和（f）的 B 峰荧光位置基本一致，但有些偏移。对比图 9-1 和图 9-4，海水中 CDOM 与石油类组分基本没有重合的荧光峰位置，图 9-4 中（e）和（f）在 Ex：220～235nm，Em：280～310nm 具有独特性。

9.4.3　油与 CDOM 混合水样荧光图谱

欢喜岭采油厂（HC）、曙光采油厂（SC）、大连某炼油厂样本 3（3A）和大连某炼油厂样本 4（3B）含油污水分别与自然海水和淡水混合，过滤得到的同时含有油和 CDOM 的荧光图谱如图 9-5～图 9-8 所示。对应样本的 CDOM 浓度如表 9-5 所示。

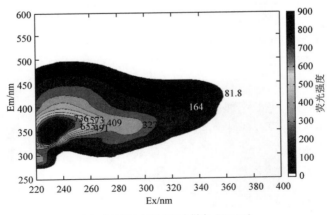

（a）含油污水与海水混合样本（HC-01）

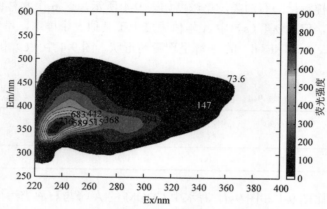

（b）含油污水与淡水混合样本（HC-02）

图 9-5　欢喜岭采油厂含油污水和自然水体混合样本荧光图谱

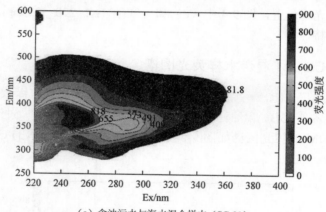

（a）含油污水与海水混合样本（SC-01）

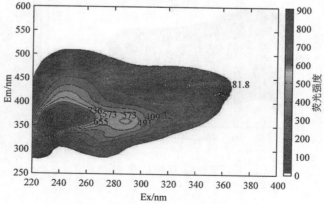

（b）含油污水与淡水混合样本（SC-02）

图 9-6　曙光采油厂含油污水和自然水体混合样本荧光图谱

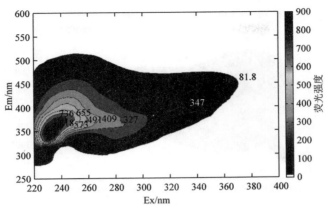

（a）含油污水与海水混合样本（3A-01）

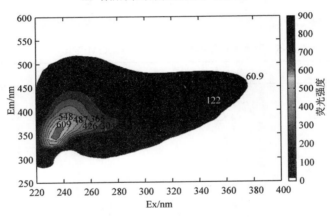

（b）含油污水与淡水混合样本（3A-02）

图 9-7 大连某炼油厂样本 3 含油污水和自然水体混合样本荧光图谱

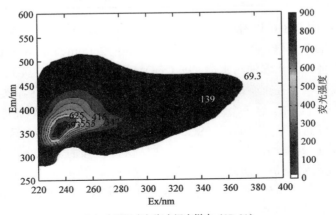

（a）含油污水与海水混合样本（3B-01）

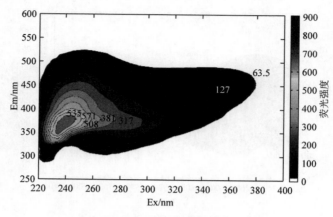

（b）含油污水与淡水混合样本（3B-02）

图 9-8　大连某炼油厂样本 4 含油污水和自然水体混合样本荧光图谱

表 9-5　图 9-5～图 9-8 对应样本的 CDOM 浓度　　　（单位：m⁻¹）

样本名称	355nm	375nm	440nm
HC-01	1.89	1.21	0.43
HC-02	4.42	2.85	0.84
SC-01	1.83	1.11	0.36
SC-02	1.53	1.07	0.34
3A-01	3.37	2.21	0.71
3A-02	4.42	3.05	0.96
3B-01	2.91	1.92	0.61
3B-02	4.63	3.17	0.99

　　由图 9-5～图 9-8 可以看出，含石油类污染和 CDOM 的水样荧光图谱皆呈现出一个非常强的荧光峰，荧光峰位置在 Ex 为 230～250nm、Em 为 320～370nm 处。显然在自然水体中混入含油污水后，在 CDOM 和石油烃类物质荧光物质共同作用下，各自的荧光峰相互重叠，形成一个非常强的荧光峰。与表 9-1 类似，从表 9-3 可以看到，在混合样中，这三个波长处海水的 CDOM 浓度同样明显低于水库淡水。

　　从图 9-4 可见，曙光采油厂（SC）的荧光强度是最大的，呈现一个平台；从图 9-6 可见，在其与海水进行混合后，依然保持较强的荧光峰，并且不论是与 CDOM 较弱的海水还是 CDOM 较强的淡水混合后，其第二个荧光峰都能表现出来，成为双峰型。图 9-5、图 9-7 和图 9-8 表明，其他三种油样与海水或淡水混合后，呈现出来的是单峰型。

9.5　小　　结

通过对 2012 年和 2013 年石油污水与自然海水的配比实验数据分析，得出自然水体 CDOM 和石油烃类的荧光光谱特征。自然水体中，海水 CDOM 具有三个峰值，分别位于 Ex 为 225~230nm、Em 为 320~330 nm 处，Ex 为 280nm、Em 为 340nm 处和 Ex 为 225~240nm、Em 为 430~470nm 处；淡水具有两个明显的荧光峰，分别位于 Ex 为 240~260nm、Em 为 420~450nm 处和 Ex 为 310~350nm、Em 为 420~440nm 处。对于水中油，采油废水一般呈现单峰型或双峰型，而炼油污水呈现为三峰型；不论是炼油废水还是采油废水，在 Ex 为 220~240nm、Em 为 320~340nm 处都具有一个共同的峰值，主要与烷烃和苯有关。当含油污水与自然水体混合后，其荧光图谱在 Ex 为 230~250nm、Em 为 320~370nm 处皆呈现一个非常强的荧光峰，显然是 CDOM 和石油烃类物质荧光物质共同作用所致。

在确定石油污水和自然水体 CDOM 各自的特征以及混合后呈现的特征之后，进一步分析这些荧光特征与光谱吸收系数的关系，就有望找到一种结合荧光特征的有效算法，从水体的总吸收系数将石油类污染与 CDOM 的吸收系数分离开来，这也是下一步要研究的工作。

参 考 文 献

曹志奎，董献堆. 2005. 水中矿物油的荧光分析. 东北师大学报（自然科学版），27（3）：64-68.

慈兴华，向巧玲，陈方鸿，等. 2004. 定量荧光分析技术在原油性质判别方面的应用探讨. 石油实验地质，26（1）：
  100-102.

丁静，唐军武，宋庆君，等. 2006. 中国近岸浑浊水体大气校正的迭代与优化算法. 遥感学报，10（5）：732-741.

段洪涛，马荣华，孔维娟，等. 2009. 太湖沿岸水体 CDOM 吸收光谱特性. 湖泊科学，21（2）：242-247.

冯士筰，李凤歧，李少菁. 1999. 海洋科学导论. 北京：高等教育出版社：378-380.

冯巍巍，王锐，孙培艳，等. 2011. 几种典型石油类污染物紫外激光诱导荧光光谱特性研究. 光谱学与光谱分析，
  31（5）：1168-1170.

付玉慧，李栖筠，张宝茹. 2008. 海洋溢油光谱分析与卫星信息提取. 遥感学报，12（6）：1010-1016.

郭卫东，夏恩琴，韩宇超，等. 2005. 九龙江口 CDOM 的荧光特性研究. 海洋与湖沼，36（4）：349-357.

韩宇超，郭卫东. 2008. 河口区有色溶解有机物（CDOM）三维荧光光谱的影响因素. 环境科学学报，28（8）：
  1646-1653.

黄妙芬，邢旭峰，宋庆君，等. 2009a. 反射率基法获取北京一号小卫星多光谱 CCD 辐射定标系数. 资源科学，
  31（3）：509-514.

黄妙芬，宋庆君，唐军武，等. 2009b. 石油类污染水体后向散射特性分析——以辽宁省盘锦市双台子河和绕阳河为
  例. 海洋学报，31（3）：12-20.

黄妙芬，李晓秀，白贞爱，等. 2009c. 水体石油类污染中红外波段吸收特征分析. 干旱区地理，32（1）：139-144.

黄妙芬，唐军武，宋庆君. 2010a. 石油类污染水体吸收特性分析. 遥感学报，14（1）：131-147.

黄妙芬，牛生丽，孙中平，等. 2010b. 环境一号卫星 CCD 相机水体信息采集特性分析. 遥感信息，（4）：68-75.

黄妙芬，齐小平，于五一，等. 2007a. 水环境石油类污染遥感识别模式及其应用. 遥感技术与应用，22（3）：
  314-320.

黄妙芬，于五一，张一民，等. 2007b. 水体石油类污染和 COD 空间分布遥感探测模式. 第 16 届全国遥感技术学术
  交流会论文集. 北京：地质出版社：283-286.

黄妙芬，宋庆君，简伟军，等. 2012. 水体石油类信息遥感提取模式研究. 海洋学报，34（5）：74-80.

黄妙芬，宋庆君，毛志华，等. 2011. 应用 CDOM 光学特性估算水体 COD. 海洋学报，33（3）：47-54.

黄妙芬，宋庆君，邢旭峰，等. 2014. 石油污染水体荧光图谱特征分析. 光谱学与光谱分析，34（9）：2466-2471.

黄妙芬，宋庆君，陈利博，等. 2015a. 基于归一化遥感反射比反演水中石油含量模式研究. 海洋技术学报，34（1）：
  1-9.

黄妙芬，王迪峰，邢旭峰，等. 2015b. 珠江口海域 a_g(440) 遥感模式研究及应用. 海洋学报，37（7）：66-77.

姜广甲，周琳，马荣华，等. 2013. 浑浊Ⅱ类水体叶绿素 a 浓度遥感反演（Ⅱ）：MERIS 遥感数据的应用. 红外与毫

米波学报，32（4）：372-378.

蒋兴伟，牛生丽，唐军武，等．2005．SeaWiFS 与 HY-1 卫星 COCTS 的系统交叉辐射校正．遥感学报，9（6）：685-692.

乐成峰，李云梅，查勇，等．2009．太湖水体后向散射特性模拟．水科学进展，20（5）：703-717.

李崇明，赵文谦．1997．河流泥沙对石油的吸附、解吸规律及影响因素的研究．中国环境科学，17（1）：23-26.

李方，徐京萍，马荣华，等．2011．内陆水体叶绿素 a 浓度反演的区域化三波段模型研究．遥感学报，15（6）：1156-1170.

李俊生，张兵，张霞，等．2008．一种计算水体中悬浮物后向散射系数的方法．遥感学报，12（2）：193-198.

李铜基，唐军武，陈清莲，等．2001．光谱仪测量离水辐射亮度的方法．热带海洋学报，20（4）：56-60.

刘良明．2005．卫星海洋遥感导论．武汉：武汉大学出版社：69-74，182-183，202-203，215，293-296.

刘明亮，张运林，秦伯强．2009．太湖入湖河口和开敞区 CDOM 吸收和三维荧光特征．湖泊科学，21（2）：234-241.

刘伟，胡斌，于敦源，等．2004．我国重质油的三维荧光特征及其地质意义．物探与化探，28（2）：123-125.

陆应诚，田庆久，齐小平，等．2009．海面甚薄油膜光谱响应研究与分析．光谱学与光谱分析，29（4）：986-989.

马超飞，蒋兴伟，唐军武，等．2005．HY-1CCD 宽波段水色要素反演算法．海洋学报，27（4）：38-44.

马荣华，宋庆君，李国砚，等．2008．太湖水体的后向散射概率．湖泊科学，20（3）：375-379.

马荣华，唐军武．2006．湖泊水色遥感参数获取与算法分析．水科学进展，17（5）：721-726.

毛志华，朱乾坤，龚芳．2006．CMODIS 资料提取叶绿素 a 浓度的反演算法研究．海洋学报，28（3）：57-63.

Martin S. 2008．海洋遥感导论．蒋兴伟译．北京：海洋出版社：128-130.

梅安新，彭望琭 秦其明，等．2001．遥感导论．北京：高等教育出版社：4-26.

潘德炉，何贤强，朱乾坤．2004．HY-1A 卫星传感器水色水温扫描仪在轨交叉定标．科学通报，49（21）：2239-2244.

潘德炉，林寿仁，高尔 J F R，等．1989．利用荧光高度遥感海洋中叶绿素 a 的浓度．海洋学报，11（6）：780-787.

任磊．2004．石油勘探开发中的石油类污染及其监测分析技术．中国环境监测，20（3）：44-47.

戎志国，张玉香，陆风，等．2005．FY-2B 与 NOAA 卫星红外通道的相对定标．气象学报，4：408-412.

施坤，李云梅，王桥，等．2010．内陆湖泊富营养化水体散射系数模型研究．光学学报，30：2478-2485.

宋庆君，黄妙芬，刘岩，等．2012．水体石油类含量测量方法分析．海洋技术，31（6）：81-85.

宋庆君，黄妙芬，唐军武，等．2010．水中石油类含量对后向散射系数光谱的影响．光谱学与光谱分析，30（9）：2438-2442.

宋庆君，唐军武，马荣华．2008．水体后向散射系数校正方法研究．海洋技术，27（1）：48-52.

宋庆君，唐军武．2006．黄海-东海海区散射特性研究．海洋学报，28（4）：56-63.

孙德勇，李云梅，王桥，等．2008．太湖水体散射特性及其空间分异．湖泊科学，20（3）：389-395.

孙培艳，高振会，崔文林，等．2007．油指纹鉴别技术发展及应用．北京：海洋出版社，38-40.

唐军武，顾行发，牛生丽，等．2005．基于水体目标的 CBERS-02 卫星 CCD 相机与 MODIS 的交叉辐射定标．中国科学，E 辑（增刊）：59-69.

唐军武，田国良，汪小勇，等．2004a．水体光谱测量与分析 I：水面以上测量法．遥感学报，8（1）：37-44.

唐军武，王晓梅，宋庆君，等．2004b．黄、东海二类水体水色要素的统计反演模式．海洋科学进展，22（B10）：1-7.

唐军武，田国良. 1997. 水色光谱分析与多成分反演算法. 遥感学报，1（4）：252-256.

唐军武. 1999. 海洋光学特性模拟与遥感模型. 中国科学院遥感应用研究所博士论文：210-230.

汪小勇，李铜基，杨安安. 2004. 黄东海海区表观光学特性和固有光学特性春季模式研究. 海洋技术，23（4）：123-126.

温晓丹. 2001. 地表水中石油类红外法与紫外法测定结果的比对. 环境监测管理与技术，13（5）：31-33.

吴国祯. 2001. 分子振动光谱学原理与研究. 北京：清华大学出版社：138-139.

吴静，谢超波，曹知平，等. 2012. 炼油废水的荧光指纹特征. 光谱学与光谱分析，32（2）：415-419.

徐涵秋，唐菲. 2013. 新一代 Landsat 系列卫星：Landsat 8 遥感影像新增特征及生态环境意义. 生态学报，33（11）：3249-3257.

杨娜，赵朝方. 2004. 星载红外数据应用于大型事故溢油. 地理空间信息，4（2）：63-65.

杨伟，松下文经，陈晋. 2009. 基于水体反射光谱和组分浓度的固有光学特性反演算法. 湖泊科学，21（2）：207-214.

俞宏，蔡启铭，吴敬禄. 2003. 太湖水体吸收系数与散射系数的特征研究. 水科学进展，14（1）：47-49.

张永宁，丁倩，高超，等. 2000. 油膜波谱特征分析与遥感监测溢油. 海洋环境科学，19（3）：5-10.

张永宁，丁倩，李栖筠. 1999. 海上溢油污染遥感监测的研究. 大连海事大学学报，25（3）：1-5.

赵冬至，丛丕福. 2000. 海面溢油的可见光波段地物光谱特征研究. 遥感技术与应用. 15（3）：160-164.

赵冬至，张存智，徐恒振. 2006. 海洋溢油灾害应急响应技术研究. 北京：海洋出版社，15-17.

钟润生，张锡辉，管运涛，等. 2008. 三维荧光指纹用于污染河流溶解性有机物来源示踪. 光谱学与光谱分析，26（2）：13-15.

周虹丽，朱建华，李铜基，等. 2005. 青海湖水色要素吸收光谱特性分析. 海洋技术，24（2）：56-83.

朱桂海. 1987. 三维全扫描荧光光谱在检测海洋环境油污染中的应用. 海洋环境科学，6（3）：75-82.

朱建华，李铜基. 2004. 黄东海非色素颗粒与黄色物质的吸收系数光谱模型研究. 海洋技术学报，23（2）：7-13.

Adler-Golden S M，Matthew M W，Bernstein，et al. 1999. Atmospheric correction for shortwave spectral imagery based on MODTRAN4. SPIE Proc. Imaging Spectrometry，3753：61-69.

Arnone R A，Martinolich P，Gould R W. 1998. Coastal optical properties using SeaWiFS. Ocean Optics XIV，Kailua-Kona Hawaii，SPIE-the International Society for Optical Engineering.

Bailey S W，Franz B A，Werdell P J. 2010. Estimation of near-infrared water-leaving reflectance for satellite ocean color data processing. Optics Express，18：7521-7527.

Blondeau-Patissier D，Brando V E，Oubelkheir K，et al. 2009. Bio-optical variability of the absorption and scattering properties of the Queensland inshore and reef waters，Australia. Journal of Geophysical Research，114：c05003

Boehme J，Coble P，Conmy R，et al. 2004. Examining CDOM fluorescence variability using principal component analysis. Marine Chemistry，89：3-14.

Bolus R L. 1996. An Airborne Testing of a Suite of Remote Sensors for Oil Spill Detecting on Water. in Proceedings of the Second Thematic International Airborne Remote Sensing Conference and Exhibition，Environmental Research Institute of Michigan，Ann Arbor，Michigan：743-752.

Boss E, Pegau W S, Lee M M, et al. 2004. Particulate back scattering ratio at LEO 15 and its use to study particle compo sition and distribution. J Geophys Res, 109: C01014.

Boss E, Pegau W S. 2001. Relationship of Light Scattering at an Angle in the Backward Direction to the Backscattering Coefficient. Applied Optics, 40 (30): 5503-5507.

Bowers D G, Evans D, Thomas D N, et al. 2004. Interpreting the colour of an estuary. Estuarine Coastal and Shelf Science, 59: 13-20.

Bowers D G, Evans D, Thomas D N. 2004. Interpreting the colour of an estuary. Estuarine, Coastal and Shelf Science, 59: 13-20.

Bricaud A, Babin M, Morel A, et al. 1995. Variability in the chlorophyll-specific absorption coefficients of natural phytoplankton: Analysis and parameterization. Journal of Geophysical Research, 100 (C7): 13321-13332.

Bricaud A, Morel A, Prieur L. 1981. Absorption by dissolved organic matter of the sea (yellow substance) in the uv and visible domains. Limnology and Oceanography, 26 (1): 43-53.

Brown C E, Finqas M F. 2003. Review of the development of laser fluoresensors for oil spill application. Marine Pollution Bulletion, 47 (9-12): 447-484.

Chena R F, Bissettb P, Coble P, et al. 2004. Chromophoric dissolved organic matter (CDOM) source characterization in the Louisiana Bight. Marine Chemistry, 89: 257-272.

Chomko R M, Gordon H R. 2001. Atmospheric correction of ocean color imagery: test of spectral optimization algorithm with the Sea-viewing Wide Field-of-View Sensor. Applied Optics, 40 (18): 2973-2984.

Chouquet M, Hedon R, Vaudreuil G, et al. 1993. Goodman. Remote thickness measurement of oil slicks on water by laser-ultrasonics. Proceedings of the 1993 International Oil Spill Conference. American Petroleum Institutre, Washington DC: 531-536.

Curtis D. 1994. Light and Water. United Kingdom: Academic Press: 592-600.

Dall O G, Gitelson A A. 2005. Effect of bio-optical paramet ervariability on the remote estimation of chlorophyll-a concentrat ion in turbid productive waters: experiment al results. Applied Optics, 44 (3): 412-422.

Doxaran D. 2002. Spectral signature of highly turbid waters application with SPOT data to quantify suspended particulate matter concentrations. Remote Sensing of Environment, 81: 149-161.

Evans R H, Gordon H R. 1994. CZCS——system calibration: a retrospective examination. Journal of Geophysical Research-Oceans, 99 (C4): 7293-7307.

Fingas M F, Brown C E, Mullin J V. 1998. The visibility limits of oil on water and remote sensing thickness detection limits. Proceeding of the Fifth Thematic Conference on Remote Sensing for Marine and Coastal Environments, Environmental Research Institute of Michigan, Ann Arbor, Michigan, 411-418.

Fischer J, Fell F. 1999. Simulation of MERIS measurements above selected ocean waters. Int. J. Remote Sensing, 20 (9): 1787-1807.

Forget P, Ouillon S. 1998. Surface suspended matter off the Rhone river mouth from visible satellite imagery. Oceanologica Acta, 21 (6): 739-749.

Froidefand J M, Gardel L, Guiral D, et al. 2002. Spectral remote sensing reflectances of coastal waters in French Guiana under the Amazon influence. Remote sensing of Enviroment, 80: 225-232.

Gallegos C L, Neale P J. 2002. Partitioning spectral absorption in case 2 waters: discrimination of dissolved and particulate components. Applied Optics, 41 (21): 4220-4233.

Gallie E A, Murtha P A. 1992. Specific absorption and backscattering spectra for suspended minerals and chlorophyll-a in Chilko Lake, British Columbia. Remote Sensing of Environment, 39: 103-118.

Gitelson A A, Schalles J F, Hladik C M. 2007. Remote chlorophyll-a retrieval in turbid, productive estuaries: Chesapeake Bay case study. Remote Sensing of Environment, 109 (4): 464-472.

Gordon H R, Brown O B, Evans R H, et al. 1988. A semi-analytic radiance model of ocean color. J. Geophys. Res. 93: 10909-10924.

Gordon H R, Smith R C, Zaneveld J R V. 1980. Introduction to ocean optics in Ocean Optics VI, S. Q. Duntley, ed., Proc. SPIE 208: 1-43.

Gordon H R, Wang M H. 1994. Retrieval of water-leaving radiance and aerosol optical thickness over the oceans with SeaWiFS: a preliminary algorithm. Appl. Opt., 33: 443-452.

Gordon H R. 1991. Absorption and scattering from irradiance measurements: monte carlo simulations. Limnology and Oceanography, 36 (4): 769-777.

Gordon H R. 1998. In-orbit calibration strategy of ocean color sensors. Remote Sensing of Environment, 63: 265-278.

He Q J, Chen C Q. 2014. A new approach for atmospheric correction of MODIS imagery in turbid coastal waters: a case study for the Pearl River Estuary. Remote Sensing Letters, 5: 3, 249-257.

Hirtle H, Rencz A. 2003. The relation between spectral reflectance and dissolved organic carbon in lake water: Kejimkujik National Park, Nova Scotia, Canada. International Journal of Remote Sensing, 24 (5): 953-967.

Hoge F E, Paul E L. 1996. Satellite retrieval of inherent optical properties by linear matrix inversion of oceanic radiance models: An analysis of model and radiance measurement errors. Journal of Geophysical Research, 101 (C7): 16631-16648.

Hu C M, Carder K L, Muller K, et al. 2000. Atomspheric correction of SeaWiFS imagery over turbid coastat waters. Remote sensing of Environment, 74 (2): 195-206.

Hu C M, Frank E, Carder, K L, et al. 2001. Atmospheric correction and cross calibration of LANDSAT-7/ETM+ imagery over aquatic environments: A multiplatform approach using SeaWiFS/MODIS. Remote Sensing of Environment, (78): 99-107.

Hu C M, Muller-Karger F E, Taylor C, et al. 2003. MODIS detects oil spills in Lake Maracaibo, Venezuela. EOS, 86 (33): 313-319.

Hu C, Carder K L, Muller-Karger F E. 2000. Atmospheric correction of SeaWiFS imagery over turbid coastal waters: a practical method. Remote Sensing of Envioremnent, 74: 195-206.

Huang M F, Song Q J, Xing X F, et al. 2014b. Bio-optical model of retrieving petroleum concentration in sea water. Acta Oceanologica Sinica, 34 (5): 81-85.

Huang M F，Xing X F，Zhao Z L，et al. 2014a. Inversion of CDOM and COD in water using HJ-1/CCD data. Earth and Environmental Science 17：012107.

Huang M F，Xing X F，Zhao Z L，et al. 2014c. Dynamic monitoring of water petroleum substance using HJ-1/CCD remote sensing data. Earth and Environmental Science，17：012104.

Huang M F，Zhang X P，Lu K J，et al. 2009. Meris-Based aquatic petroleum pollution monitoring mode. IEEE International Geoscience and Remote Sensing Symposium，Cape Town，South Africa.

Kirk J T O. 1984. Dependence of relationship between inherent and apparent optical properties of water on solar altitude. Limnology and Oceanography，29（2）：350-356.

Kostadinov T S，Siegel D A，Maritorena S. 2009. Retrieval of the particle size distribution from satellite ocean color observations. Journal of Geophysical Research，114：C09015.

Kowalczuk P，Olszewski J，Darecki M，et al. 2005. Empirical relationships between coloured dissolved organic matter （CDOM）absorption and apparent optical properties in Baltic Sea Waters. International Journal of Remote Sensing，26（2）：345-370.

Lavender S J，Pinkerton M H，Moore G F，et al. 2005. Modification to the atmospheric correction of SeaWiFS ocean color images over turbid waters. Continental Shelf Research，（25），539-555.

Lee Z P，Carder K L，Hawes S H，et al. 1994. A model or interpretation of hyperspectral remote-sensing reflectance. Appl. Opt.，33：5721-5732.

Lee Z P，Carder K L，Steward R G，et al. 1998. An emperical algorithm for light absorption by ocean water based on color. Journal of Geophysical Research，103（C12）：27967-27978.

Lee Z P，Du K，Voss K J，et al. 2011. An inherent-optical-property-centered approach to correct the angular effects in water-leaving radiance. Appl. Opt.，50：3155-3167.

Lee Z P，Pahlevan N，Ahn Y H，et al. 2013a. Robust approach to directly measuring water-leaving radiance in the field. Applied Optics，52（8）：1071-1693.

Lee Z P，Hu C，Shang S L，et al. 2013b. Penetration of UV-visible solar radiation in the global oceans：insights from ocean color remote sensing. Journal of Geophysical Research：Oceans，118：4241-4255.

Lee Z，Carder K L，Arnone R A. 2002. Deriving inherent optical properties from water color：a multiband quasi-analytical algorithm for optically deep waters. Applied Optics，41（27）：5755-5772.

Lennon M，Babichenko S，Thomas N，et al. 2006. Detection and mapping of oil slicks in the sea by combined use of hyperspectral imagery and laser induced fluorescence. EARSeLe Proceedings，（5）：1-9.

Liang S，Zhong B，Fang H. 2006. Improved estimation of aerosol optical depth from MODIS imagery over land surfaces. Remote Sen. Environ.，104（4）：416-425.

Lira J，Morales A，Zamora F. 1997. Study of sediment distribution in the area of the Panuco River plume by means of remote sensing. International Journal of Remote sensing，18（1）：171-182.

Lu Y C，Tian Q J，Wang X Y，et al. 2013. Determining oil slick thickness using hyperspectral remote sensing in the Bohai Sea of China. International Journal of Digital Earth，6：1，76-93.

Maffione R A, Dana D R. 1997. Instruments and methods for measuring the backward- scattering coefficient of ocean waters. Applied Optics, 36 (24): 6057-6067.

Marghany M, Cracknell A P, Hashim M. 2009. Comparison between radarsat-1 SAR different data modes for oil spill detection by a fractal box counting algorithm. International Journal of Digital Earth, 2 (3): 237-256

Maritorena S, Siegel D A, Peterson A R. 2002. Optimization of a semianalytical ocean color model for color baiscale application. Applied Optics, 41 (15): 205-214.

Mitchell B G, Bricaud A. 2000. Determination of spectral absorption coeddicients of particles, dissolved material and phytoplankton for disscrete water samplrs. Ocean Optics Protocols for Satellite Ocean Color Sensor Validation, Revision 2.NASA/TM-2000-209966, NASA Goddard Space Flight Center, Greenbelt, MD, 12: 125-153.

Mobley C D. 1994. Light and Water: Radiative Transfer in Natural Waters. San Diego: Academic Press: 64.

Moore G F, Aiken J, Lavender S J. 1999. The atmospheric correction of water color and the quantitative retrieval of suspended particulate matter in Case II waters: application to MERIS. Int J Remote Sens, 20 (9): 1713-1733.

Morel A. 1974. Optical properties of pure water and pure seawater. Optical aspects of oceanography. London & New York: Academic Press: 1-24.

Mueller J, Morel A, Frouin R, et al. 2003. Radiometric measurements and data analysis protocols, in Ocean Optics Protocols For Satellite Ocean Color Sensor Validation, Rev4, Vol III, NASA/TM-2003-21621/Rev-Vol III.

Neumann A, Krawczyk H, Walzel T. 1995. A complex approach to quantitative interpretation of spectral high resolution imagery. Third Thematic Conference on Remote Sensing for Marine and Coastal Environments, Seattle, USA: 641-652.

O' Reilly J E, Maritorena S, Mitchell B G, et al. 1998. Ocean colour algorithms for SeaWiFS. Journal of Geophysical Research, 103 (C11): 24937-24953.

Otremba Z, Piskozub J. 2004. Modelling the bidirectional reflectance distribution function (BRDF) of seawater polluted by an oil film. Optics Express, 12 (8): 1671-1676.

Otremba Z, Król T. 2002. Modeling of the crude oil suspension impact on inherent optical parameters of coastal seawater. Polish Journal of Environmental Studies, 11 (4): 407-411.

Otremba Z, Piskozub J. 2003a. Modeling the remotely sensed optical contrast caused by oil suspended in the sea water column. Optics Express, 11 (1): 2-6.

Otremba Z, Piskozub J. 2003b. Phase functions of oil-in-water emulsions. Optica Applicata, 34 (1): 93-99.

Otremba Z. 2000. The impact on the reflectance in VIS of a type of crude oil film floating on the water surface. Optics Express, 7 (3): 129-134.

Patricia A P, Juan L G, Galo A C L R, et al. 2011. Prediction of crude oil properties and chemical composition by means of steady-state and time-resolved fluorescence. Energy Fuels, 25: 3598-3604.

Peng F, Effler S W, O' donnell D, et al. 2007. Role of minerogenic particles in light scattering in lakes and a river in central New York. Applied Optics, 46 (26): 6577-6594.

Philippe F, Sylvain O, Florence L, et al. 1999. Inversion of reflectance spectra of nonchlorophyllous turbid coastal waters.

Remote Sens. Environ., 68: 264-272.

Pope M, Fry E S. 1997. Absorption spectrum（380~700 nm）of pure water. Ⅱ Integrating cavity measurements. Applied Optics, 36（33）: 8710-8723.

Prieur L, Sathyendranath S. 1981.An optical classification of coastal, and oceanic waters based on the specific spectral absorption curves of phytoplankton pigments, dissolves oganic matter, and other particulate materials. Limnology and Oceanography, 26: 671-689.

Richard D H, Nils R, Olsen B, et al. 2002. Coupling remote sensing with computational fluid dynamics modelling to estimate lake chlorophyll-a concentration. Remote Sensing of Environment, 79: 116- 122.

Richard LM, Brent A M. 2004. Using MODIS Terra 250m imagery to map concentrations of total suspended matter in coastal waters. Remote sensing of Enviroment, 93: 259-266.

Ruddick K G, Ovidio F, Rijkeboer M. 2000. Atmospheric correction of SeaWiFS imagery for turbid coastal and inland waters. Appl. Opt. 39（6）, 897-912.

Ruhl C A, Sehoellhemer D H, Stumpf R P. 2001. Combined use of remote sensing and continuous monitoring to analyse the variability of suspended-sediment concentrations in San Francisco Bay, California. Estuarine, Coastal and Shelf Science: 801-812.

Salem F, Kafatos M, El-Ghazawi T, et al. 2005. Hyperspectral image assessment of oil-contaminated wetland. International Journal of Remote Sensing, 26（4）: 811-821.

Sathyendranath S, Cota G, Stuar T V, et al. 2001. Remote sensing of phytoplankton pigments: a comparison of empirical and theoretical approaches. Int J Remote Sensing, 22（2-3）: 249-273.

Schiller H, Doerffer R. 1999. Neural network for emulation of an inverse model-operational derivation of case II water properties from MERIS data. International Journal of Remote Sensing, 20（9）: 1735-1746.

Shi Z F, Zhao K, Liu B J. 2002. Oil-spill monitoring using microwave radiometer. Proc. Igarss'02,（5）, 2980-2982.

Siegel D A, Wang M, Maritorena S, et al. 2000. Atmospheric correction of satellite ocean color imagery: the black pixel assumption. Applied Optics, 39（21）: 3582-3591.

Simecek-Beatty D, Clemente-Colon P. 2004. Locating a sunken vessel using SAR imagery: detection of oil spilled from the SS Jacob luckenbach. International Journal of Remote Sensing, 25（11）, 2233-2241.

Smith R C, Baker K S. 1981. Optical properties of the clearest natural waters（200~800nm）. Applied Optics, 20: 177-184.

Snyder W A, Arnone R A, Davis C O, et al. 2008. Optical scattering and backscattering by organic and inorganic particulates in U. S. coastal waters. Applied Optics, 47（5）: 666-677.

Stramski D, Piskozub J. 2003. Estimation of scattering error in spectrophotometric measurements of light absorption by aquatic particles from three-dimensional radiative transfer simulations. Applied Optics, 42（18）: 3634-3646.

Svejkovsky J, Muskat J. 2006. Real-time Detection of Oil Slick Thickness Patterns with a Portable Multispectral Sensor. Final Report, Submitted to the U.S. Department of the Interior Minerals Management Service Herndon, VA: 0105CT39144.

Tang J W，Wang X M，Song Q J，et al. 2004. The statistic inversion algorithms of water constituents for Yellow Sea & East China Sea. Acta Oceanologica Sinica，23（4）：617-626.

Twardowski M S，Boss E，Sullivanc J M. 2004. Modeling the spectral shape of absorption by chromophoric dissolved organic matter. Marine Chemistry，89：69-88.

Wang M，Shi W，Jiang L. 2012. Atmospheric correction using near-infrared bands for satellite ocean color data processing in the turbid western pacific region. Optics Express，20：741-753.

Xing X F，Huang M F，Niu S L. 2011. Radiometric calibration coeffcients of water-body for "HJ-1" satellite multi-spectral CCD sensors by cross-calibration based method. The 32nd Asian Conference on Remote Sensing（ACRS2011），Taipei，Taiwan.

Xing X，Lv X，Liu F，et al. 2012. Analysis of CDOM fluorescence spectrum characteristics in coastal water and its application. Remote Sensing of the Environment：18th National Symposium on Remote Sensing of China，edited by Qingxi Tong，Jie Shan，Boqin Zhu. Proc. of SPIE Vol. 9158，9158OY，2014SPIE.

Zepp R G，Sheldon W M，Moran M A. 2004. Dissolved organic fluorophores in southeastern U S coastal waters：correction method for eliminating Rayleigh and Raman scattering peaks in excitation-emission matrices. Mar Chem，189：15-37.

Zhang Y L，van Dijk M A，Liu M L，et al. 2009. The contribution of phytoplankton degradation to chromophoric dissolved organic matter（CDOM）in eutrophic shallow lakes：field and experimental evidence. Water research，43：4685-4697.

Zhang Y L，Zhang E L，Yin Y，et al. 2010. Characteristics and sources of chromophoric dissolved organic matter in lakes of the Yungui Plateau，China，differing in trophic state and altitude. Limnol. Oceanogr.，55（6）：2645-2659.

Zhang Y L. 2006. Advances in chromophoric dissolved organic matter in aquatic ecosystems. Transactions of Oceanology and Limnology，3：119-120.

Zhu W N，Yu Q，Tian Y Q，et al. 2011. Estimation of chromophoric dissolved organic matter in the Mississippi and Atchafalaya river plume regions using above-surface hyperspectral remote sensing. Journal of Geophysical Research，C0116：1-22.

Zielinski O. 2003. Airborne pollution surveillance using multi-sensor systems. Sea Technology，Oct：28-32.